동물행동상담학

Animal Behavior Counseling

김옥진 · 손민우 · 오홍근 · 박철 · 임세라 · 김현주 공저

동일출판사

머리말

동물행동상담학은 동물행동학과 상담학을 결합한 학문으로, 고도의 전문화된 학문이라 할 수 있다. 동물행동학은 사람과 같이 살아가기 위한 반려동물의 습성과 행동을 기본으로 습득하고 그것을 교정할 수 있는 능력을 갖추어야하며 반려동물의 문제성 때문에 고민하고 있는 보호자를 질의와 응답을 통하여 상담해 문제 교정을 해줄 수 있는 학문이다.

동물행동상담사는 동물행동상담을 수행할 수 있는 자격을 취득한 자로서 인간과 반려동물과의 상호작용을 이해하고 반려동물의 행동상담을 통해 동물보호자 가족과 반려동물의 올바른 관계성을 맺도록 도와주며, 인간과 반려동물의 삶의 질을 개선하는데 도움을 주며, 나아가 동물복지와 동물매개치료활동의 역할을 담당한다.

한국동물매개심리치료학회(http://www.kaaap.org/)는 국내 유일하게 동물행동상담 관련 자격증으로 민간자격 인증된 동물매개행동상담사 자격증(등록번호 2013-1206)을 발급하고 있다.

현재 동물행동상담사의 중요성이 대두되고 있는 상황이다. 동물행동상담사는 문제 행동의 분석과 행동교정을 통하여 반려동물의 문제 행동을 해결하기 때문에 훈련소 입소에 따른 부작용을 예방할 수 있다. 또한 가정 방문을 통하여 보호자를 교육하는 프로그램을 운영할 수 있어, 반려동물에 주는 스트레스를 최소화 할 수 있으며, 보호자들이 문제 행동 교정 과정에 능동적으로 참여하는 과정 동안에 보호자와 그들의 반려동물 사이에 상호 교감의 기회가 늘어나고 이해의 폭이 넓어질 것이다. 동물행동상담학은 독립된 분야로서 문제 행동 교정을 수행하면서, 경우에 따라 동물행동 전문 수의사 및 훈련사와 협동하여 과제를 완수 할 수 있다.

동물행동상담사는 반려동물 문제 행동 교정을 담당하는 전문가로서 반려동물 스트레스를 최소화할 수 있고, 반려동물 복지 향상에 기여하며, 반려동물과 보호자 간의 상호교감을 증대시켜 행복한 반려동물 문화 형성에 기여한다. 또한 동물행동상담사는 다양한 형태의 보호자 교육이 가능하며, 동물행동상담센터를 독립적으로 운영이 가능하고, 방문 프로그램 운영 및 전화와 인터넷을 활용한 상담이 가능하다. 또한 동물행동상담사는 다양한 진로 선택이 가능하다는 강점을 가지고 있다. 동물행동상담사는 보호자와 그들의 반려동물을 연결해 주는 다리(bridge) 역할을 하며, 문제 행동을 유발하는 반려동물이 보호자로부터 포기되는 불행한 결과들을 예방할 수 있어, 반려동물의 삶의 질을 높이고 동물복지 향상을 실현하는 중요한 역할을 할 수 있다.

저자들은 일찍이 동물행동상담의 중요성을 인지하여 반려동물행동학 교재 저술 및 반려동물 문제행동의 행동교정 기술의 이해와 적용을 위한 노력을 기울여 왔다. 저자들은 또한 동물행동상담에 대한 과학적 접근과 학술적 지원을 위하여 동물행동학 강좌 및 동물행동상담학 강좌를 개설하여 대학의 학생들에게 동물행동상담의 중요성과 의미를 전달하고자 노력하고 있다.

그 동안 동물행동상담에 대한 학술적 의미와 현황에 대한 소개를 위한 교재 작성에 대한 마음은 있었으나 시간이 허락되지 않아 엄두를 내지 못하고 있었는데 외국 자료와 정리되지 않은 정책 자료들로 학습하는 학생들의 이해도를 높이기 위해서 더 이상 미룰 수 없어 그 동안 수집한 자료와 원고들을 정리해보고자 노력하였다.

본 교재의 완성을 위하여 인용 및 발췌를 허락하여 주신 여러 선배님들에게 진심으로 깊은 감사를 드린다. 교재의 완성도를 높이고자 노력하였으나 많은 부족한 부분들이 있는 것을 느끼지만 학생들의 이해를 돕고 동물행동상담에 대한 개념을 빨리 뿌리 내리기 위하여 서둘러 출간을 할 수 밖에 없었던 점을 양해해주시기를 부탁드린다. 향후 더 많은 연구와 자료 수집으로 보다 완벽한 교재를 다음 개정판에서 선보일 수 있도록 저자들은 지속적으로 노력할 것을 약속드린다.

본 교재의 완성에 큰 도움을 주신 분으로 본 교재가 출간되어 동물행동상담에 대한 이해와 학습을 수행할 수 있도록 기꺼이 출판을 허락해주신 동일출판사 정창희 대표님께 감사를 드린다.

본 교재가 동물행동상담에 대한 이해를 도모하고 관련 활동과 연구의 방향을 제시하여 줄 수 있으면 하는 바람으로 이 글을 맺을까 한다.

저자 일동

차 례

Chapter 5 상담 심리

MEMO

제 1 장
동물행동상담학 개요
Introduction of animal behavior counselling

여기서 말하는 동물행동상담학이란 반려동물 중, 개와 고양이의 문제 상담을 통하여 보호자(내담자)에게 개와 고양이의 습성을 이해시키고, 반려동물에게는 학습과 훈육을 통해 문제라 불리는 행동을 교정하여 사회구성원으로서의 진정한 반려동물이 될 수 있도록 교육하는 학문이다.

동물행동학과 상담학, 심리학에 기초를 두는 전문화된 학문으로 단순한 동물훈련사가 아닌 현대 사회의 요구에 부합되는 반려동물문제교정 전문 동물행동상담사를 양성하고자 하는 학문이다.

Ⅰ 동물행동상담학 개요

학습목표
1. 동물행동학이란 무엇인지 이해한다.
2. 반려동물이란 무엇인지 이해한다.
3. 동물행동상담사의 역할과 비전에 대해 알아본다.

1. 동물 행동학(ethology, 動物行動學)이란?

모든 동물들은 각각의 행동특성들을 가지고 있다.

그리고 사람들은 그들의 행동에 의구심을 갖게 된다. 개가 왜 짖는지?, 고양이는 꼬리치며 사람을 왜 반기지 않는지?, 새는 왜 똥, 오줌을 가리지 않는지? 와 같은 일들에 대한 궁금증과 같은 것을 목격하고도 사람들 간의 상반되는 이견들이 나타난다. 따라서 동물의 행동의 근본적 지식을 습득하고 있어야 한다.

동물의 행동은 사람을 포함하여 경험이나 학습에 의하지 않고 선천적으로 태어날 때부터 갖는 「생득적(being innate, 生得的) 행동」과 경험과 학습으로 얻어진 후천적인 「습득적(acquisition, 習得的)행동」으로 나누게 된다.

(1) 생득적(being innate, 生得的) 행동

생득적 행동에는 빛의 자극에 따라 다가가거나 멀어지는 행동 반응으로서 주광성(phototaxis, 走光性), 농도에 따라 반응하는 주화성(chemotaxis, 走化性) 등, 물고기가 물을 거슬러 올라가거나, 야행성곤충이 불빛에 날아드는 주성적(taxis, 走性的)행동과 수컷들에게서 나타나는 과시행도인 본능적(instinctive, 本能的)행동과 반사적(reflexive, 反射的)행동이 이에 속한다.

(2) 습득적(acquisition, 習得的)행동

습득적 행동에는 경험(experience, 經驗)이라는 시행착오로 얻어진 행동, 부모나 동료로부터 교육되어진 학습(learning, 學習)적 행동, 조건반사(conditioned reflex, 條件反射), 이러한 것들을 바탕에 둔 고도의 예측적(forecast, 豫測的)인 행동 등이 이에 속한다.

(3) 각인(imprinting, 刻印)

각인이란 생후 수 시간 내에 걸을 수 있는 동물로 조류에서는 오리와 닭, 칠면조 등이 있으며, 포유류에서는 염소, 양, 사슴 등 우제류가가 대부분인 조성(shaping, 早成)동물의 성장초기에만 나타나는 행동이다.

동물행동학의 기초를 확립한 로렌츠는 인공부화 된 기러기 새끼가 처음 본 사람을 어미로 알고 따라다니는 행동을 '각인'이라고 명명하였다. 이후 다른 동물학자들에 의해 길을 잃지 않고 장거리 여행을 떠나는 철새의 이주, 대양을 누비다가 강물로 다시 돌아오는 연어의 회귀 본능, 나아가 동양인들의 명절에 귀향하는 이동까지도 각인으로 해석되고 있으며 동물행동학에서 기본이 되는 용어이다.

동물행동학의 아버지라 불리는 콘레드 로렌츠 박사 동물행동학부분에서 최초로 노벨상을 수상하였다.

Lorenz, Konrad(1903~1989)
Australia
Ethology 동물행동학자

King Solomon's ring, 1949.
Man meets dog, 1950.
Evolution and modification of behavior, 1965.
On aggression, 1966.
Studies in animal and human behavior, 제1권, 1970.
Studies in animal and human behavior, 제2권, 1971.
Behind the mirror, 1973.
Civilized man's eight deadly sins, 1974.
The year of the greylag goose, 1979.
The foundations of ethology, 1982.
The natural science of the human species : An introduction to comparative behavioral research-The Russian manuscript (1944~1948), 1995.

본능의 촉발 원인이나 동물 행동의 기본적 요인으로서의 공격이 갖는 의의를 명확하게 하고 행동의 진화에 대해서도 논하고 있다.

생득적행동과 습득적행동, 그리고 각인의 총체적 응용

인공 부화된 청금강앵무를 사람이 인공 급이하여 어미로 각인시킨 후, 조건반사의 원리와 반복학습으로 인지시켜 조련한 앵무새는 습득적 행동과 선천적으로 말을 잘 따라할 수 있는 생득적 행동을 이용한 총체적 동물행동을 적용한 사례이다.

청금강앵무(부안누에타운 2013.손)

(3) 인지(cognition, 認知)

동작신호에 따라 입력되고 저장되고 출력되는 컴퓨터처럼 시각, 후각, 미각, 청각, 촉각을 통해 들어온 신호를 지각(perception, 知覺)하고, 기억(memory, 記憶)하고, 사고(thinking, 思考)하여 문제를 해결하고 새로이 조합하여 언어능력, 운동제어 등을 할 수 있는 지적, 심적 기능의 총칭으로 심리학에서 '각인'과 함께 기본이 되는 이론이다.

'인지'는 동물행동학, 동물훈련학, 동물매개치료, 동물행동상담학의 기초를 이룬다.

피아제는 사람의 인지발달단계를 4가지로 구분하여 설며함으로서 아동교육심리학에 대단한 공헌을 하였으며, 이러한 이론이 동물행동학, 훈련학, 반려동물의 문제행동교정 등에 응용되어지고 있다.

- 1단계 감각동작기(0~2세) : 언어가 없으며 모든 사물을 자기중심적으로 파악하는 단계.
- 2단계 전조작적 사고기(2~7세) : 사물의 이름을 인지하고 언어능력이 발달되는 단계.
- 3단계 구체적 조작기(7~11세) : 개념을 형성하며 논리적 추리력을 갖게 되는 단계로 3자인 관점에서 생각할 수 있게 된다.
- 4단계 형식적 조작기(11~15세) : 논리적으로 추상적인 사물에 대해 사고할 수 있는 단계

스위스의 철학자, 자연과학자이며 발달심리학자인 장 피아제는 아동심리학의 아버지라 불리기도 한다. 지적활동에 대한 심리학적 이론에 많은 공헌을 하였으며, 인지라는 용어를 사용하였다.

Piaget, Jean (1896~1980)
Switzerland
심리학자, 논리학자

주요저서

La Naissance de l'intelligence chez l'Enfant, Delachaux et Niestlé, 1936.
La construction du réel chez l'enfant, Paris, Delachaux et Niestlé, 1937.
Introduction à l'épistémologie génétique. Tome I: La pensée mathématique, Presses universitaires de France, 1950, Paris.
Études sociologiques, Librairie Droz, 1965, Genève.
Logique et Connaissance scientifique, Encyclopédie de la Pléiade, 1967.
Biologie et connaissance, Éditions de la Pléïade, 1967, Paris.
Psychologie et pédagogie, Gonthiers Denoël, 1969, coll. Médiations, Paris.
Psychologie et épistémologie, Gonthiers Denoël, 1970, coll. Médiations, Paris. 외 다수

2. 반려동물이란?

개와 고양이 그 밖의 특수동물들이 최근에 가축과 애완이라는 개념에서 반려(companion;伴侶)라는 삶의 동반자로 바뀌게 되었다.

경제 성장기 시절, 물질문화 사회의 고속화는 자연과 더불어 살아가는 문화문명을 퇴보시켰고 결과적으로 인간은 풍요롭지만 더욱 고독한 존재가 되었다. 이에 근대화를 겪으면서 현대에 이르러 사람들은 자연환경에 관심을 돌리게 되었다. 사람과 더불어 사는 개와 고양이 말, 새 등의 동물이 주는 이로움을 인식하여, 「인간과 애완동물의 관계(the human-pet relationship)」를 주제로 한 오스트리아 비엔나 국제 심포지움(1983년 10월 27~28일)에서 애완동물을 '반려동물(animal companion)'로 부르도록 제안되었다.

이 날은 동물행동학자로 노벨상을 수상한 K.로렌츠의 80세 탄생일을 기념하는 자리이기도 했다.

3. 동물매개치료란?

동물매개치료에 대한 많은 정의들이 있다. A.M. Beck은 "동물매개치료는 치료의 도구들로서 동물의 사용을 포함하는 것이다."라고 하였다. A.H. Katcher는 "동물매개치료는 접촉에 의한 동물들의 치료 능력 활용"이라고 하였고, Granger와 Kogan은 Delta Society의 정의를 인용하여 "치료 과정의 통합 부분으로서 사람과 동물의 유대를 활용하여 치료 대상자들을 대하는 하나의 중재 활동"으로 이야기 하고 있다.

Delta Society에 따르면, 동물매개치료(animal assisted therapy, AAT)와 구분되는 동물매개활동(animal assisted activities, AAA)의 목표는 사람과 동물의 유대를 활용하여 개인 대상자의 삶의 질을 향상시키는 것이지만, 치료사가 운영하는 전문 프로그램이 아니기 때문에 서류정리나 평가가 제대로 이루어지지 않는다.

4. 동물행동상담학이란?

동물행동상담학은 동물행동학과 상담학을 결합한 학문으로, 고도의 전문화된 학문이라 할 수 있다. 동물행동학은 사람과 같이 살아가기 위한 반려동물의 습성과 행동을 기본으로 습득하고 그것을 교정할 수 있는 능력을 갖추어야하며 반려동물의 문제성 때문에 고민하고 있는 보호자를 질의와 응답을 통하여 상담해 문제 교정을 해줄 수 있는 학문이다.

따라서 이 학문의 이수를 통해 동물행동상담사로서 활동할 수 있는 전문 인력을 양성하는데 목적을 두고 있다.

그림 1-1은 동물행동상담학의 영역과 훈련, 수의학과의 관계를 표시한 그림으로서 문제 행동의 교정을 담당하는 분야는 동물행동상담학이고, 질병에 의한 문제행동은 동물행동 전문 수의사가 담당하는 수의학 분야, 그리고 필요에 따라 동물에 복종 훈련을 수행해야 하는 훈련 분야로 나누어 볼 수 있다.

동물행동상담학은 독립된 분야로서 문제 행동 교정을 수행하면서, 경우에 따라 동물행동 전문 수의사 및 훈련사와 협동하여 과제를 완수 할 수 있다.

그림 1-1. 동물행동상담학의 영역과 훈련, 수의학과의 관계

최근, animal communicator, animal whisperer에 대한 관심이 높아지고 있다. 이들은 동물과 대화를 한다는 점을 강조하고 있다. 그러나 엄밀히 말하면 사람이 동물과 대화를 하는 것이 아니라, 사람이 동물의 행동을 이해하고 그들이 하는 body language를 이해하여 서로 소통하는 것이다.

따라서, 동물교감사, animal communicator 또는 animal whisperer는 동물행동상담사의 다른 명칭이라 할 수 있다. 동물행동상담사는 동물의 자연스런 행동을 이해하고 동물에 대한 상호 교감에 기반을 둔 대화를 수행할 수 있다.

동물행동상담학은 동물행동학에 기반을 두고, 문제 행동에 대한 분석과 행동 교정을 실시하는 이론을 제시하는 학문이다. 과거 행동 교정은 훈련사들이 맡아 하는 것으로 잘못 알려져 있었다. 그러나 명령과 그에 따른 수행의 결과에 대한 보상으로 간식이나 클릭커를 이용하여 이루어지는 훈련 또는 체벌을 하는 훈련 과정은 자칫 동물에 스트레스를 제공하고 동물복지를 침해할 소지가 큰 방법이라 할 수 있다.

동물행동상담은 동물의 행동을 이해하고 동물의 관점에서 행동의 변화를 유도하는 행동 교정법을 이용하기 때문에, 동물에 강압적이지 않고 동물복지를 보장할 수 있는 방법으로 동물의 문제 행동 해결을 위해 가장 바람직한 방법이라 할 수 있다.

이제 더 이상 사람의 만족을 위하여 동물의 자연스러운 행동을 억제하기 위한 훈련 과정을 동물에 강요되어서는 안 될 것이다.

표 1-1은 동물행동상담사의 강점, 약점, 기회 및 위협을 분석한 SWOT 분석표이다. 동물행동상담사는 동물행동학, 훈련, 질병 및 상담학에 대한 다학제적 전문지식 습득이 필요하고 풍부한 임상 경험이 필요하기 때문에 많은 양의 학습과 실무 연수가 필요하고, 반려동물 행동 교정 역할이 과거에 훈련사가 담당하였다면, 여러 문제점 때문에 앞으로는 동물행동상담사에 맡겨야 된다는 점에 대한 보호자들의 인식 변화가 필요하다는 점들이 약점으로 작용할 수 있다. 또한 동물 문제 행동 교정을 담당하는 동물행동상담사에 대한 제도화가 필요하다는 위협 요인이 있다.

그러나, 동물행동상담사는 반려동물 문제 행동 교정을 담당하는 전문가로서 반려동물 스트레스를 최소화할 수 있고, 반려동물 복지 향상에 기여하며, 반려동물과 보호자 간의 상호교감을 증대시켜 행복한 반려동물 문화 형성에 기여한다. 또한 동물행동상담사는 다양한 형태의 보호자 교육이 가능하며, 동물행동상담센터를 독립적으로 운영이 가능하고, 방문 프로그램 운영 및 전화와 인터넷을 활용한 상담이 가능하다. 또한 동물행동상담사는 다양한 진로 선택이 가능하다는 강점을 가지고 있다.

동물행동상담사의 기회적 요소로는 반려동물 사육 인구가 지속적으로 증가하고 있으며, 반려동물들의 훈련소 입소 교육에 따른 부작용 문제점들에 대한 사회적 인식이 증가되고 있고, 사회적으로 동물복지에 대한 필요성과 요구들이 증대되고 있다. 또한 반려동물과 보호자 상호교감의 필요성이 지속적으로 증대되고 있으며, 반려동물에 대한 스트레스의 감소 요구가 증대되는 상황이고, 보호자의 반려동물 행동에 대한 학습 욕구가 지속적으로 증대되고 있다는 점이 동물행동상담사 직업군의 기회요소로 작용할 수 있다.

표 1-1. 동물행동상담사의 SWOT 분석

강점(Strength)	약점(Weakness)
• 반려동물 문제 행동 교정 전문가 • 반려동물 스트레스 최소화 • 반려동물 복지 향상 • 반려동물과 보호자 상호교감 증대 • 다양한 형태의 보호자 교육 가능 • 동물행동상담센터 운영 가능 • 방문 프로그램 운영 가능 • 전화 및 인터넷 상담 가능 • 다양한 진로 선택 가능	• 동물행동학, 훈련, 질병 및 상담학에 대한 다학제적 전문지식 습득 필요 • 풍부한 임상 경험 필요 • 보호자의 반려동물 행동 교정 역할에 대한 인식 변화 필요
기회(Opportunity)	**위협(Threat)**
• 반려동물 사육 인구 증가 • 훈련소 입소 부작용에 대한 인식 증가 • 동물복지 요구 증대 • 반려동물과 보호자 상호교감 필요성 증대 • 반려동물에 대한 스트레스 감소 요구 증대 • 보호자의 학습 욕구 증대	동물 문제 행동 교정 담당 역할에 대한 제도화 필요

5. 반려동물의 문제 행동에 대한 접근 방식의 변화

과거 반려동물의 문제 행동의 해결은 훈련소 입소를 통하여 훈련사에 의한 훈련 과정을 거쳐 이루어져왔다. 그러나 훈련소 입소는 반려동물에게 낯선 환경에 노출되는 큰 스트레스와 보호자와 떨어져 있어 불안 및 공포로 인한 스트레스를 주게 되고, 결과적으로 면역의 저하와 심한 경우 사망에 이르는 불행한 결과로 이어지는 사례들이 문제가 되어왔다.

이러한 이유 때문에, 현재 동물행동상담사의 중요성이 대두되고 있는 상황이다. 동물행동상담사는 문제 행동의 분석과 행동교정을 통하여 반려동물의 문제 행동을 해결하기 때문에 훈련소 입소에 따른 부작용을 예방할 수 있다. 또한 가정 방문을 통하여 보호자를 교육하는 프로그램을 운영할 수 있어, 반려동물에 주는 스트레스를 최소화 할 수 있으며, 보호자들이 문제 행동 교정 과정에 능동적으로 참여하는 과정 동안에 보호자와 그들의 반려동물 사이에 상호 교감의 기회가 늘어나고 이해의 폭이 넓어질 것이다.

표 1-2는 반려동물의 문제 행동의 접근 방식의 변화에 대한 정리 내용이다. 과거에 반려동물의 문제 행동은 훈련사에 의해 훈련소에서 훈련 과정을 거쳐 해결하는 것이었으나, 훈련소 입소에 따른 반려동물들의 스트레스와 보호자와 떨어져 있는 동안의 심리적 불안정 때문에 많은 문제점들이 유발되었다. 이러한 문제점들 때문에, 현재는 훈련소 입소에 의한 훈련 보다는 보호자들이 근처 동물병원이나 애견까페 등을 이용하여 행동상담을 받거나, 동물행동상담사에 의해 문제 행동 분석과 행동 교정이 이루어지고 있다. 미래에는 동물행동상담사가 주가 되어 반려동물의 문제 행동 분석과 행동 교정이 이루어지고, 동물행동상담사에 의한 보호자 교육을 통해 반려동물이 훈련소 입소와 같은 낯선 환경에 노출되어 스트레스 받는 일 없이, 가정에서 보호자의 노력으로 행동 교정이 이루어질 수 있다.

동물행동상담사는 반려동물의 문제 행동 분석 과정 동안에 질병에 의해 문제 행동이 유발된 것으로 판단되는 경우는, 동물행동 전문 동물병원의 동물행동 전문 수의사에게 의뢰하여 약물 처치를 통한 질병 치료를 통한 문제 행동 치료를 받을 수 있도록 한다.

동물행동상담사는 보호자와 그들의 반려동물을 연결해 주는 다리(bridge) 역할을 하며, 문제 행동을 유발하는 반려동물이 보호자로부터 포기되는 불행한 결과들을 예방할 수 있어, 반려동물의 삶의 질을 높이고 동물복지 향상을 실현하는 중요한 역할을 할 수 있다.

표 1-2. 반려동물의 문제 행동에 대한 접근 방식의 변화

	과거	현재	미래
담당 직업군	훈련사	훈련사, 동물행동상담사	동물행동상담사, 동물행동 전문 수의사
문제접근 방식	훈련	문제 행동상담 + 행동교정 및 훈련	문제 행동상담 및 행동교정, 수의학적 약물 처치
장소적 분류	훈련소	가정, 애견까페, 애견유치원, 동물병원 또는 훈련소	동물행동상담센터, 동물행동 전문 동물병원

6. 동물행동상담사의 국내외 현황

동물행동상담사와 관련된 외국의 자격증들로는 표 1-3에 정리된 내용과 같이 미국의 동물행동상담사(Animal behaviour consultant), 미국의 동물행동전문가(Animal Behavior Professionals), 미국의 공인응용동물행동가(Certified Applied Animal behaviorist), 영국의 애완동물행동상담사(Pet behaviour counselor), 일본의 애완견 방문지도사 등이 있다.

미국의 Animal Behavior Society (ABS; http://animalbehaviorsociety.org/) 단체에서는 아래와 같은 2단계의 전문 자격증을 발급하고 있다.

① Associate Certified Applied Animal Behaviorist (ACAAB)
동물행동 관련 분야의 석사 학위가 필요하며, 여러 해의 임상 경험과 전문가로서의 경력이 필요함.

② Certified Applied Animal Behaviorist (CAAB)
생물학 및 심리학 관련 분야의 박사 학위가 필요하며, 여러 해의 임상 경험과 전문가로서의 경력이 필요함

미국의 International Association of Animal Behavior Consultants (IAABC; https://iaabc.org/) 단체에서는 아래와 같은 자격증을 발급하고 있다. 이러한 자격증 취득을 위해서는 동물행동 관련 학습만큼이나 보호자와의 상담에 대한 학습이 강조되고 있다.

① Certified Dog Behavior Consultant (CDBC) cat (CCBC), horse (CHBC), parrot (CPBC) consultants

② Certified Animal Behavior Consultants (CABC)

미국에서 수의사를 위한 동물행동 전문 수의사 제도는 American College of Veterinary Behaviorists (ACVB; http://www.dacvb.org/)에서 운영하는 Veterinary Behaviorist가 있다.

미국의 동물행동 전문 수의사(Veterinary Behaviorist)는 최근 40-50명의 동물행동 전문 수의사(Veterinary Behaviorist)가 활동하고 있는데, 미국의 동물행동 전문 수의

사(Veterinary Behaviorist)가 되기 위한 조건은 아래와 같다.

① 미국 수의사 자격 취득자
② 2년간의 동물행동 전문 수의사 과정 이수
③ 동물행동 전문 수의사 밑에서 연수 과정 이수

미국의 동물행동 전문 간호사는 Society of Veterinary Behavior Technicians (SVBT; http://www.svbt.org/)에서 제공하는 동물행동상담 관련 정보를 이용하고 있다.

영국에서는 British Veterinary Behaviour Association(BVBA; http://www.bvba.org.uk/) 기관에서 동물행동상담 관련 전문 수의사와 전문 동물간호사 및 일반인을 위한 동물행동상담 관련 정보를 제공하고 있다.

영국은 애완동물행동상담사(Pet Behaviour Counsellor) 자격을 운영하고 있다. 한국의 고용노동부에서 운영하는 직업 관련 정보 사이트인 워크넷(http://www.work.go.kr/)에서 동물행동상담 관련 해외 직업으로 공식적으로 소개한 영국의 애완동물행동상담사(Pet Behaviour Counsellor) 자격에 대한 정보는 아래와 같다.

(1) 영국 애완동물행동상담사(Pet Behaviour Counsellor) 직업의 생성배경

반려동물에 의존하는 사람이 증가하면서 부작용도 커지고 있다. 반려동물과 좋은 관계를 유지하려면 애완동물의 본능과 욕구, 행동 패턴, 사회성 등에 대한 충분한 이해가 필수적이다.

동물에 대한 이해가 부족하거나 동물의 문제행동이 지속되면 동물유기나 학대 등과 같은 극단적 부작용이 초래될 수 있다.

2012년 유기동물은 9만 9,254마리로 2008년의 7만 7천 877마리에 비해 약 28% 증가한 상황이다.

애완동물 산업이 발달한 국가에서는 주인과 동물이 좋은 관계를 유지하도록 조언하는 전문가의 필요성을 인식하고 있다. 이에 따라 애완동물행동상담원은 영국의 국가직업서비스에 공식 직업으로 등재돼 있다.

영국 애완동물행동상담사(Pet Behaviour Counsellor)는 Association of Pet Behaviour Counsellors(APBC; www.apbc.org.uk) 기관에서 발급을 하고 있다.

(2) 영국 애완동물행동상담사(Pet Behaviour Counsellor) 수행직무내용

주인에게 애완동물을 어떻게 다뤄야 하고 다양한 문제행동을 어떻게 교정해야 하는지에 대해 조언한다.

주인의 집을 방문하거나 자영업 장소에서 동물의 행동에 대해 애완동물 소유주와 상담한다.

개와 고양이의 과도한 짖음, 공격적이고 파괴적인 행동, 화장실 문제 등과 같은 문제적 행동의 본질과 원인을 분석하고 교정 프로그램을 설계한다.

(3) 영국 애완동물행동상담사(Pet Behaviour Counsellor) 해외 교육/훈련/자격 및 종사현황

영국에는 애완동물행동상담원으로 활동하기 위한 세 가지 경로가 있다.

① 대학과 같은 고등교육기관에서 동물행동 관련 학위를 받는 것
② 동물을 돌보는 산업 내에 고용돼 실무 경험을 쌓는 것
③ 관련기관에서 전문가 과정을 이수하는 것

어떤 경로를 택하건 영국 애완동물행동상담사(Pet Behaviour Counsellor)가 되려면 수련과정을 거치면서 베테랑 전문가의 감독을 받아야 종사가 가능하다. 영국 애완동물행동상담사(Pet Behaviour Counsellor)는 주로 자영업자로 동물행동상담센터 또는 전문가로 활동하는 경우가 대부분이다. 영국 애완동물행동상담사(Pet Behaviour Counsellor)의 건당 상담료로 시간당 85~250파운드(15만원~45만원)를 받는다.

영국의 애완동물행동상담사(Pet behaviour counsellor)는 아래와 같은 애완동물의 문제행동을 해결한다.

① 짖는 것과 같은 소음
② 사람이나 동물에 대한 공격 행동
③ 파괴적 행동
④ 배변 문제
⑤ 자동차, 자전거 또는 가축을 쫓는 행동
⑥ 공포나 두려움
⑦ 일반적 통제
⑧ 자기 절제

⑨ 수의사로부터 의뢰 받기
⑩ 동물행동상담센터, 동물병원, 보호자 가정에서 동물행동상담
⑪ 동물 문제 행동 관찰과 보호자 상담
⑫ 애완동물 문제행동 원인과 문제 분석
⑬ 보호자를 위한 동물 행동교정 프로그램 설계와 결과 확인
⑭ 다른 동물 관련 전문가와 연락취하기
⑮ 동물행동 수정 계획 보고서 작성과 보호자와 수의사에게 작성된 보고서 제출
⑯ 보호자와 문제행동 교정 과정을 확인하기 위해 연락하기
⑰ 필요한 경우, 교정 프로그램 수정

영국의 애완동물행동상담사(Pet behaviour counsellor)에게 요구되는 기술과 자격은 아래와 같다.

① 동물 핸들링 기술과 경험
② 애견 훈련 관련 지식
③ 의사소통 능력
④ 보호자와 공감하고 신뢰 얻는 능력
⑤ 인내력
⑥ 조언을 제공할 때 적절한 접근법
⑦ 동물복지 법률의 인지
⑧ 기록을 하고 유지할 수 있는 능력
⑨ 교육 기술
⑩ 자신의 능력 한계를 알고 필요한 경우 다른 동물 관련 전문가의 협조에 대한 인지
⑪ 전문 지식 학습과 개발 의지

미국의 동물행동상담사가 받는 상담료는 케이스에 따라 다르지만 시간당 100~400달러(10만원~40만원)를 받고, 전화 상담이나 이-메일 상담은 건당 고양이는 50달러(5만원), 개는 200 달러(20만원), 말은 100달러(10만원)을 받고 있다. 미국의 동물행동상담사가 받는 급여는 케이스에 따라 다르지만, 9만 달러(1억원) 이상의 연봉을 받는 경우가 많이 있다.

일본은 애완견방문지도사가 동물행동상담 관련 직업으로 활동 중이다. 일본의 애완견방문지도사는 강아지가 물거나 짖는 등의 문제 행동을 보이는 경우, 보호자 신청을

받아, 가정을 방문하여 문제 행동의 원인을 찾아서 어떻게 하면 개선이 될 지 조언을 한다. (참고 자료: KBS 2014 신직업리포트 애완견방문지도사: http://www.youtube.com/watch?v=2GtKbXc_Grk)

일본의 애완견방문지도사 출장비용은 집으로 방문을 해야 하기 때문에 기존 훈련소 입소에 비교해서는 비용이 좀 더 비싸다. 그럼에도 일본에서는 애완견방문지도사를 가정으로 불러 집에서 문제 행동을 교정하고 반려견의 훈련을 시키는 일들이 늘어나고 있다.

일본의 애완견방문지도사가 가정 방문을 통한 문제행동 교정과 훈련을 수행하는 경우, 비용은 비싸지만 아래와 같은 장점을 가지고 있다.

① 강아지의 행동 교정이 훈련소에서만 가능한 것도 있지만 강아지는 집에서의 행동이 다르므로 각 집 혹은 개인마다의 문제에 일일이 대응이 가능하다는 점에서 가정방문 교육이 필요하기 때문이다. 즉, 훈련소를 보내 강아지의 문제행동을 고치더라도 다시 집에 와서 환경이 바뀌면 다시 예전 버릇이 나올 수 있기 때문에 그 동안의 훈련이 허사가 되는 일들이 많다.
② 훈련소의 낯선 환경에 보내져 강아지가 받는 스트레스와 불안, 두려움과 같은 요소를 없앨 수 있어, 강아지의 심리 안정에 큰 도움을 준다.
③ 강아지와 같이 살면서 보호자가 곤란을 겪게 되는 점들을 해소할 수 있다. 가구에 상처를 내거나 슬리퍼를 가져가버리는 것 같은 장난이 해결되고, 강아지와 가족의 일원으로 같이 살 수 있게 된다.

국내에서 동물행동 관련 자격은 한국동물매개심리치료학회(http://www.kaaap.org/)에서 발급하는 동물매개행동상담사 자격증(등록번호 2013-1206)이 국내 유일하게 동물행동상담 관련 자격증으로 민간자격 인증을 받고 발급하고 있다.

국내의 동물행동상담사는 2급, 1급 및 전문가 자격으로 구분되고 있으며, 향후 반려동물의 문제 행동을 교정하고 보호자와 반려동물간의 상호 교감을 향상하여 행복한 반려동물 문화 형성에 크게 기여할 수 있는 직업으로 각광을 받고 있다.

표 1-3. 국내외 동물행동상담 관련 직업

국가	자격증	발급처
미국	Associate Certified Applied Animal Behaviorist	Animal Behavior Society
	Certified Applied Animal Behaviorist	Animal Behavior Society
	Certified Dog Behavior Consultant	International Association of Animal Behavior Consultants
	Certified Animal Behavior Consultants	International Association of Animal Behavior Consultants
영국	Veterinary Behaviorist	American College of Veterinary Behaviorists
	Veterinary Behavior Technician	Society of Veterinary Behavior Technicians
	Pet Behaviour Counsellor	Association of Pet Behaviour Counsellors
	Veterinary Behaviorist	British Veterinary Behaviour Association
	Veterinary Behavior Technician	British Veterinary Behaviour Association
일본	애완견방문지도사	-
한국	동물행동상담사(Animal Behavior Counsellor)	한국동물매개심리치료학회 (www.kaaap.org)

7. 동물행동상담사가 되려면?

동물행동상담사는 동물행동상담을 수행할 수 있는 자격을 취득한 자로서 인간과 반려동물과의 상호작용을 이해하고 반려동물의 행동상담을 통해 동물보호자 가족과 반려동물의 올바른 관계성을 맺도록 도와주며, 인간과 반려동물의 삶의 질을 개선하는데 도움을 주며, 나아가 동물복지와 동물매개치료활동의 역할을 담당한다.

한국동물매개심리치료학회(http://www.kaaap.org/)는 국내 유일하게 동물행동상담 관련 자격증으로 민간자격 인증된 동물매개행동상담사 자격증(등록번호 2013-1206)을 발급하고 있다.

동물행동상담사 자격증 발급을 희망하는 경우에 한국동물매개심리치료학회(http://www.kaaap.org/)에서 실시하는 동물행동상담사 자격시험의 검증을 받아 합격자에 한하여 자격증을 취득할 수 있다.

동물행동상담사의 자격 등급 종류와 검정 기준은 표 1-4, 표 1-5, 표 1-6, 표 1-7과 같다.

표 1-4. 동물행동상담사 자격 등급

자격종목	등급	수준	자격활용현황
동물 행동 상담사	전문가	전문가 수준의 동물행동상담사로 동물문제행동 상담 및 동물행동상담사 1급 및 2급의 교육과 임상 등 해당 사무능력을 갖춘 책임자로서의 최고급 수준	동물행동상담센터 개설
	1급	준전문가 수준의 동물행동상담사로 동물문제행동 상담의 고급 수준	동물행동상담센터 및 애견까페, 동물병원 전문 스텝
	2급	동물행동상담사 1급을 취득할 수 있는 기회가 주어지며, 임상실습을 통한 전문상담사의 보조 수준	동물행동상담센터 및 애견까페, 동물병원 보조 스텝

표 1-5. 동물행동상담사 자격 검정기준

자격종목	등급	검정기준
동물 행동 상담사	전문가	동물행동상담 분야의 학사학위 이상 소지자로 현장에서 필요한 전문가 수준의 뛰어난 동물매개심리상담의 활용능력 유무.
	1급	동물행동상담 2급자격증을 취득하고 소정의 교육과 임상을 통해 현장에서 필요한 동물행동상담 활용능력과 현장사무를 수행할 능력 유무
	2급	고등학교 졸업 이상자로 학회가 요구하는 소정의 교육과정을 이수하여, 현장에서 필요한 동물행동상담 활용 기본 능력 유무. 또는, 전문대 이상의 졸업(졸업예정)자로서 동물행동학, 애견훈련학, 애견학, 반려(애완)동물학, 동물간호학, 동물복지학 등. 유사과목을 1과목 이상 이수한 자로 현장에서 필요한 동물행동상담 활용 기본 능력 유무.

표 1-6. 동물행동상담사 자격 검정방법과 검정과목

자격종목	등급	검정방법	검정 과목(분야 또는 영역)
동물 행동 상담사	전문가	필기	고급동물행동학
			동물보호자상담학
	1급	필기	동물행동학
			보호자상담학
	2급	심사	동물행동학, 애견훈련학, 애견학, 반려(애완)동물학, 동물간호학, 동물복지학 등. 유사과목을 1과목 이상 이수한 자.

표 1-7. 동물행동상담사 자격 응시자격

자격종목	등급	응시자격
동물 행동 상담사	전문가	1. 동물행동상담사 1급 취득자로, 학회 또는 학회에서 인정하는 기관에서 주관하는 소정의 교육과정 16시간과 임상실습을 2년 동안 200시간 이상 이수한 자. 2. 해당과목(동물행동학, 고급동물행동학, 동물보호자상담학, 고급동물보호자상담학 등. 유사과목)의 석사학위 이상의 학력을 소지한 자로 학회 또는 학회에서 인정하는 기관에서 주관하는 소정의 교육과정 16시간을 이수한 자. 3. 박사학위 이상의 학력 또는 그와 동등한 현장 실무 경력 3년 이상, 3년 동안 임상 600시간 이상 자로, 학회 또는 학회에서 인정하는 기관에서 주관하는 소정의 교육과정 16시간을 이수한 자.
	1급	1. 동물행동상당사 2급 취득자로, 학회 또는 학회에서 인정하는 기관에서 주관하는 소정의 교육과정 16시간과 임상실습을 1년 동안 100시간 이상 이수한 자. 2. 학사 이상의 학위소지자로 학회 또는 학회에서 인정하는 기관에서 주관하는 소정의 교육과정 16시간과 임상실습을 1년 동안 100시간 이상 이수한 자. 3. 석사 졸업예정자로 학회가 인정하는 해당 과목(동물행동학, 고급동물행동학, 동물보호자상담학, 고급동물보호자상담학 등 유사과목)을 이수한 자.(필기면제, 서류심사)
	2급	1. 고등학교졸업 이상의 학력을 소지한자로 학회에서 운영하는 소정의 동물행동상담사교육 이수자.(필기면제, 서류심사). 2. 전문대학 이상의 졸업(졸업예정)자로, 해당과목(동물행동학, 애견훈련학, 애견학, 반려(애완)동물학, 동물간호학, 동물복지학 등. 유사과목을 1과목 이상) 이수한 자.(필기면제, 서류심사).

8. 동물행동상담사의 비전(vision)

도시화된 사회 속에서 이웃하고 있는 사람들조차 누구인지 모르고 살며, 그것을 알기 위해 다가가는 것조차 프라이버시(privacy) 침해로 이어지는 일들이 늘어나고 있다. 사람은 점차 자기중심적이고 고갈되어진 인간의 마음을 반려동물로부터 위안을 삼고, 행복을 나누며, 때에 따라선 치유를 받기도 한다.

이러한 이유로 동물을 사람들의 정서에 도움을 주는 동물매개치료학도 발달해 있으며, 그 대표적인 예가 한국동물매개심리치료학회(KAAAP; Korean Association of Animal Assisted Psychotherapy)로 많은 전문가와 봉사자들이 활동을 하고 있다.

그와 더불어 매개치료 등으로 역할을 할 반려동물을 선발하기위해서 행동습성을 이해하고 훈육과 복종, 교육을 하기위한 동물훈련학과 그들을 매개치료에 이용할 동물매개치료사와 그들의 보호자에게 총괄적으로 교육과 교정이 필요하게 됨에 따라 동물행동상담사로까지 이르게 되었다.

또한 반려동물을 동물유치원이나 훈련소에 맡기지 않고, 단독으로 자신의 가정에서 교정받기를 희망하는 보호자들이 늘고 있어, 동물행동상담사의 1 : 1 출장 상담은 늘어날 것으로 전망하고 있다.

특히 멕시코 출신으로 미국에서 활동하고 있는 「도그 위스퍼러(dog whisperer)」라 불리는 씨저 밀란(Cesar Milian)의 활약(네셔널지오그래피 채널에서의 연재방송)으로 사람들이 동물행동상담사에게 갖는 존경심도 함께 받을 수 있는 유망한 직종이기도 하다.

한국동물매개심리치료학회(http://www.kaaap.org/)는 국내 유일하게 동물행동상담 관련 자격증으로 민간자격 인증된 동물매개행동상담사 자격증(등록번호 2013-1206)을 발급하고 있다.

동물행동상담사로서 진로는 표 1-8과 같이, 동물행동 상담센터 운영 및 스텝으로서의 역할, 애견까페, 애견유치원에서 동물행동상담 전문 스텝으로 근무, 동물병원에서 동물 행동치료 스텝으로 근무, 방문상담으로 반려동물 문제행동 교정 역할 담당, 동물행동상담 콜센터 운영 및 보호자 교육을 통한 반려동물 문제행동 교정 역할, 동물행동 관련 대학원 진학 등을 할 수 있다.

표 1-8. 동물행동상담사의 진로

직 장	활동 내용
동물행동상담센터	반려동물의 문제 행동 분석 및 행동 교정
애견까페, 애견유치원	동물행동상담 전문 스텝
동물병원	동물 행동교정 및 보호자 교육 담당 스텝
방문상담	가정 방문하여 반려동물 문제행동 교정 및 보호자 교육
동물행동상담 콜센터	전화 및 인터넷 기반 반려동물 문제 행동 상담 및 행동 교정 처방
교육 강의	반려동물 문제행동 및 행동 교정에 관한 특강 및 교육 프로그램 운영
진학	동물행동 관련 대학원 진학

Key word

동물행동상담사란(Animal Behavior Counselor)?

동물행동상담사는 동물행동상담을 수행할 수 있는 자격을 취득한 자로서 인간과 반려동물과의 상호작용을 이해하고, 반려동물의 행동상담을 통해 동물보호자 가족과 반려동물의 올바른 관계성을 맺도록 도와주며, 인간과 반려동물의 삶의 질을 개선하는데 도움을 주고, 나아가 동물복지와 동물매개치료활동의 역할을 담당합니다. – 한국동물매개심리치료학회(www.kaaap.org) –

Ⅱ 문제행동의 교정

학습목표

1. 동물행동수정법의 기초를 이해한다.
2. 동물행동수정법에 도움이 되는 도구에 대해 이해한다.
3. 동물행동치료 시 적용되는 의학요법의 종류와 그 효과를 파악한다.

1. 서론

실제로 문제행동을 진단·교정할 때는 각각의 증례에 따른 방법을 생각해가야 한다. 다양한 증례에 공통적으로 적용되는 동물행동 교정방법으로는 동물행동수정법, 약물요법, 의학적 요법이 있다. 기본적으로 문제행동의 진단 및 교정은 동물행동상담사가 맡으며, 의학적 약물의 처치와 같은 행동치료는 동물행동 전문 수의사에게 의뢰하여 처치를 하도록 한다.

2. 행동수정법

부적질한 동물의 행동을 바람직한 행동으로 변화시키는 수법으로 동물의 학습 원리에 기초하여 고안되어 있으며 행동치료의 중심이 된다. 대부분의 문제행동에 유용한 방법이지만 실제로는 주인이 실시하게 되므로 그 효과는 주인의 이해력과 실천력에 달려 있다. 따라서 행동수정법을 이용하는 동물행동상담사는 주인의 응낙성을 적절히 평가하면서 지시를 주고, 필요에 따라 격려하지 않으면 안 된다. 이하에 기본이 되는 행동수정법을 소개한다.

(1) 홍수법(범람법)

동물이 반응을 일으키기에 충분한 강도의 자극을 동물이 그 반응을 일어나지 않게 될 때까지 반복하여 주는 행동수정법. 이린 동물의 경우니 공포의 정도기 약한 경우에 유용하다. 단, 해당 반응이 줄어들기 전에 자극에의 노출을 중지하거나 동물이 회피행동에 의해 자극에서 벗어나는 것을 학습해버리면 효과가 없을 뿐 아니라, 문제행동을 악화시킬 우려가 있다.

예를 들어, 차를 타면 토하거나 계속 짖어대는 개에 대해 무슨 일이 있든 최종적으로 어떠한 반응도 보이지 않을 때까지 계속해서 몇 번이고 차에 타우는 것을 말한다(그림 1-1). 이 경우도 새끼일 때 순화시키는 것이 용이하며 성숙한 동물에서는 반응이 격렬한 경우도 있어 순화가 어렵다.

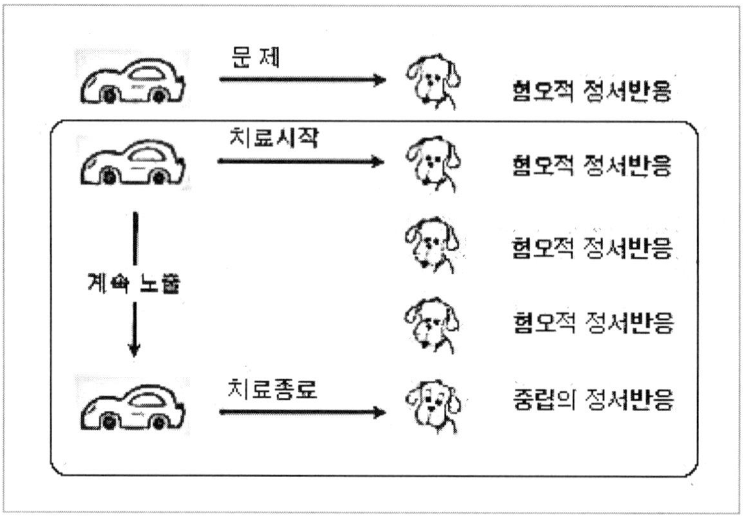

그림 1-1. 홍수법

(2) 계통적 탈감작

처음에는 동물이 반응을 일으키지 않을 정도의 약한 자극을 반복하여 주어 반응하지 않는다는 것을 확인하면서 단계적으로 자극의 정도를 높여가서 반응을 일으켰던 정도까지 자극을 높여도 반응이 일어나지 않도록 서서히 길들여가는 행동수정법. 뒤에서 설명하는 '길항조건부여'와 함께 이용되는 경우가 많다. 특히 성숙한 동물에게 효과적이다.

위와 같은 예(차에 익숙하지 않은 개)의 경우, 치료시작 시점에서는 우선 시동을 걸지 않은 차에 개를 태운다. 이것을 몇 번 반복하여 개가 부적절한 반응을 보이지 않는 것을 확인한 다음, 다음 단계로 진행한다. 이번에는 개를 차에 태우고 시동을 걸어본다. 이것을 반복하여 부적절한 반응이 보이지 않는 것을 확인한 뒤 다음 단계로 진행한다. 다음은 집 주변을 한 바퀴 드라이브하여 순화하고, 점차 드라이브 거리를 늘려간다(그림 1-2). 이 수법을 이용할 때의 주의 점은 치료기간을 단축하려고 전 단계의 순화가 충분하지 않은데 다음 단계로 진행해서는 안 된다는 것이다. 만약 급한 마음에 치료를 진행하여 동물이 완전히 부적절한 반응을 보이게 되면 다시 처음 단계로 되돌아가야 하기 때문이다. 동물이 조금이라도 부적절한 반응의 징후가 보이면 반드시 전 단계로 되돌아가 충분한 순화를 시켜야 한다.

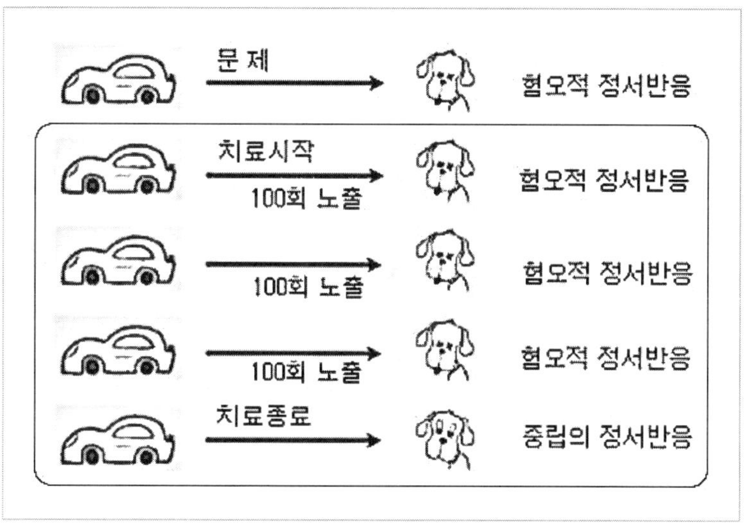

그림 1-2. 계통적 탈감작

(3) 길항조건부여(역조건부여)

자극에 대해 일어나는 바람직하지 않은 반응과는 양립하지 않는 반응을 하도록 조건부여하는 행동수정법을 말한다. 순화의 항의 계통적 탈감작과 함께 특정 대상에 두려움을 보이는 동물의 행동수정에 이용되는 경우가 많다.

계통적 탈감작과 조합한 예에서는 빈 집을 지키게 하면 파괴행동이나 부적절한 장소에 배설을 하는 개에 대한 치료법을 들 수 있다(그림 1-3). 이와 같은 개는 빈 집을 지키게 하면 불안해지거나 혐오적인 감정이 발생하는 것인데 계통적 탈감작을 적용함으로써(서서히 집을 지키는 시간을 늘려간다) 이 혐오반응을 억제함과 함께, 길항조건부여를 적용하여(예를 들어 집을 지킬 때마다 좋아하는 간식을 준다) 집을 지키는 것에 대해 기쁜 감정이 생겨나도록 하는 것이다.

이러한 행동수정법은 즉효적이지 않지만 계속하여 실시함으로써 서서히 효과가 보이는 것이다. 필요한 것은 주인을 격려하면서 인내를 가지고 치료를 계속하도록 하는 것이다. 동물간호사는 이러한 상황을 이해하고 계속해서 격려하지 않으면 안 된다.

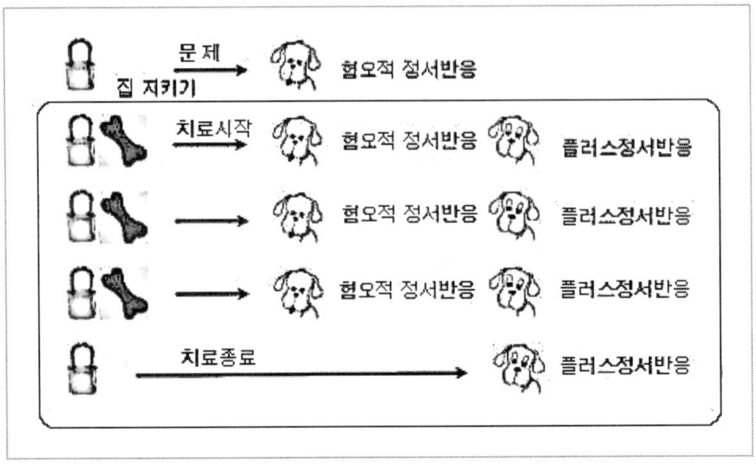

그림 1-3. 계통적 탈감작과 길항조건부여

(4) 처벌

특정 반응이 재발할 가능성을 줄이기 위해 그 반응이 가장 클 때나 직후에 혐오자극을 주거나 보수가 되는 자극(강화자극)을 배제하는 것을 말한다. 단, 처벌을 유용하게 이용하기 위해서는 적절한 타이밍, 적절한 강도 및 일관성이 필요하다. 즉, 동물이 바람직하지 않은 행동을 하는 도중이나 직후에 동물을 겁먹지 않도록 주의하면서, 충분히 혐오를 느낄 정도의 자극을 그 행동이 발현할 때마다 부여해야 한다.

처벌은 이하와 같이 동물에게 직접적으로 주는 직접처벌, 동물이 처벌을 주는 인간은 인식할 수 없도록 원격조작에 의해 주는 원격처벌, 인간과의 상호관계를 중단함으로써 주는 사회처벌로 크게 나누어진다.

1) 직접처벌

'말로 혼낸다, 때린다, 동물의 목덜미를 잡는다.' 등 동물에게 직접적으로 가하는 처벌을 말한다.

이러한 종류의 처벌은 공격성을 악화시킬 가능성이 있으므로 물릴 염려가 없는 동물에게만 적용해야 한다. 또한 동물이 처벌을 주는 인간을 피하게 될지도 모른다는 것과 공포에 의한 문제행동이 더 악화될 가능성이 있다는 것을 염두에 두어야 한다.

2) 원격처벌

짖음방지목걸이, 물대포, 전기사이렌, 뛰어오름 방지장치 등을 이용하여 동물이 처벌을 주는 인간을 인식하지 못하도록 원격조작에 의해 주는 처벌을 말한다.

이러한 종류의 처벌은 동물이 피할 수 있다는 우려가 있으나 동기부여가 강한 경우에는 그다지 유용하지 않다. 일반적으로 고양이의 문제행동에서 유용한 경우가 많다. 원격처벌을 적용하는 경우는 처음에는 동물이 일부러 문제행동을 일으키도록 하여 그때마다 처벌을 주도록 하면 좋다.

3) 사회처벌

무시나 타임아웃(개가 바람직하지 않은 행동을 보인 직후에 어둡고 좁은 방에 가두어 개가 짖는 동안에는 풀어주지 않는다) 등과 같이 인간과의 상호관계를 단절함으로써 주는 처벌을 말한다.

이러한 종류의 처벌은 인간과의 사회적 관계가 강력히 요구되는 개에게 특히 유용하나 개에게 과도한 애착을 가진 주인에게는 실행이 어려운 수법이다.

(5) 행동수정법의 기초가 되는 트레이닝

일반적으로 개의 보호자들의 대부분은 동물은 키우기 시작했을 때 처음에는 복종훈련이나 재주를 가리키는데 열심이지만 개가 성장하여 커질수록 열정도 식고 단지 일상의 보살핌이나 생활로 바뀌기 쉽다. 문제를 안고 있는 주인은 이러한 경향이 특히 강하여 개와의 관계가 틀어져 버리는 경우가 많다.

기초프로그램이라 불리는 트레이닝은 간단한 명령과 개가 좋아하는 간식(보상)을 이용하여 주인과 개의 관계를 재구축하려는 것으로 거의 모든 문제행동에 대한 치료 시 적용된다. 또한 동물행동상담사가 관여할 정도로 심각한 문제행동이 아닌 경우(예절부족 등)에도 유용한 방법이므로 보호자들에게도 교육하여 직접 수정하도록 해도 좋을 것이다.

(6) 행동수정법을 도와주는 도구

1) 헤드 홀더

특수한 목걸이로 목줄(리드)을 당기면 뒤통수와 코에 압력이 가해지는 구조이다. 후두부는 개의 선조인 늑대에서 어미가 새끼를 물면 얌전해지는 부위이고, 입 주변은 잘못된 행동을 한 새기를 어미가 타이를 때 무는 부위이다. 이와 같이 헤드 홀더는 늑대의 행동학적 연구에서 얻어진 성과를 활용하여 개발된 것이다. 특히 우위성 공격행동이나 낯선 개에 대한 공격행동에 유용하다.

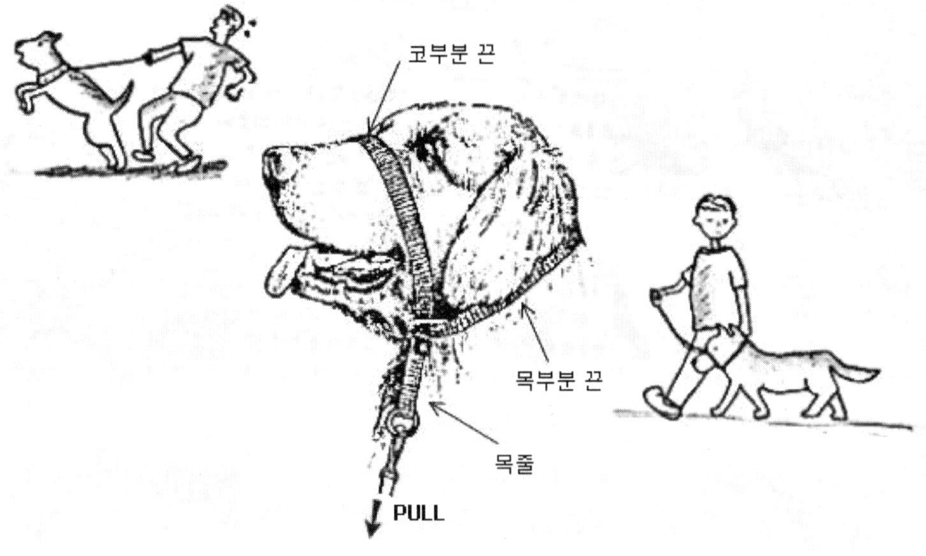

그림 1-4. 헤드 홀터

2) 입마개

개의 입 부분을 완전히 덮어버리는 망. 보정 시 사용되는 입마개와 달리, 입 꼬리 부분을 조이지 않으므로 착용한 채 간식 등의 보수를 이용한 트레이닝을 하는 것도 가능하다. 지금까지 한 번이라도 교상사고를 일으킨 적이 있는 개에게는 적용을 고려해야 한다.

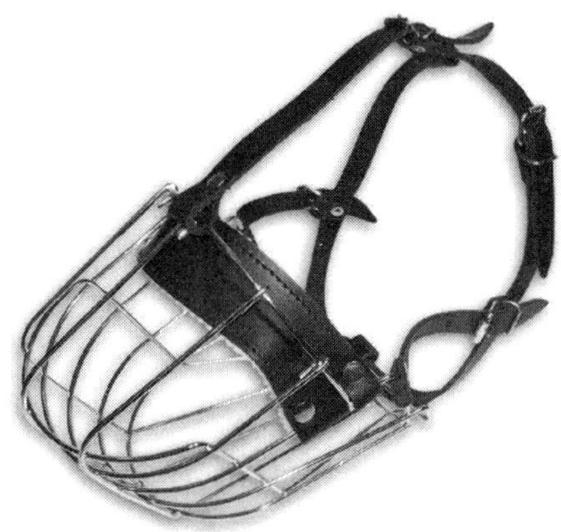

그림 1-5. 입마개

3) 짖음방지목걸이

개가 짖음과 동시에 소리나 진동을 감지하여 처벌을 주는 목걸이. 처벌로서는 전기쇼크 또는 개가 불쾌하게 느끼는 냄새(감귤계나 겨자 등)가 목걸이에 장착된 장치에서 분사된다. 기존에는 전기쇼크가 일반적이었으나 지금은 동물복지 면에서 스프레이형(citronella collar)이 권장되고 있다. 쓸데없이 짖을 때 유용한 경우가 많으나 단순한 대증요법인 이상, 점차 자극에 대해 순화되는 경우도 있으므로 짖는 원인을 특정하여 동기부여를 감소하는 행동수정법을 병용해야 한다.

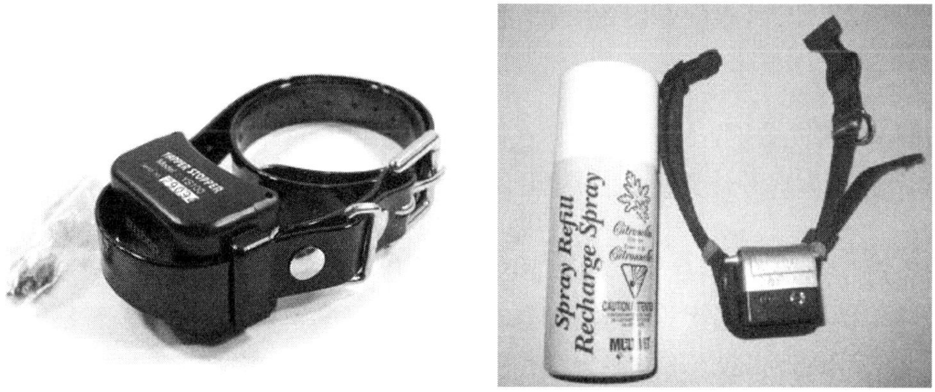

그림 1-6. 전기자극에서 냄새자극으로

4) 먹이를 넣는 타월이나 특별한 장난감

분리불안의 치료 시 사용된다. 분리불안의 증상은 주인이 외출 후 30분 이내에 발현되는 경우가 많으므로 이 시간대에 개가 주인의 외출을 잊어버리고 놀 수 있는 장난감이 유용하다. 타월의 이음매에 좋아하는 간식을 숨겨놓거나 땅콩버터를 바른 장난감, 둥글리면 조금씩 간식이 나오는 장난감 등이 좋다.

타월큐브®: 굴리면 안에서 간식이 나온다

콘®: 안에 녹은 치즈가 들어 있어 전자레인지에 가열하거나 반죽을 발라 넣는다

그림 1-7. 특별한 장난감

5) 뛰어내림 방지장치

소파나 침대 위에 놓고 개나 고양이가 그 위에 올라오면 큰 소리가 나는 장치. 우위성 공격행동의 치료에서 개나 고양이에게 소파나 침대 위에 올라가는 것을 금지할 경우에도 이용된다.

그림 1-8. 뛰어오름 방지장치

6) 쥐잡기, 물대포, 전기사이렌, 동전을 넣은 깡통 등

모두 원격처벌로 이용되는 도구이다. 개나 고양이가 주인이 처벌하는 것이 아니라, 천벌을 받은 것으로 생각하도록 한다.

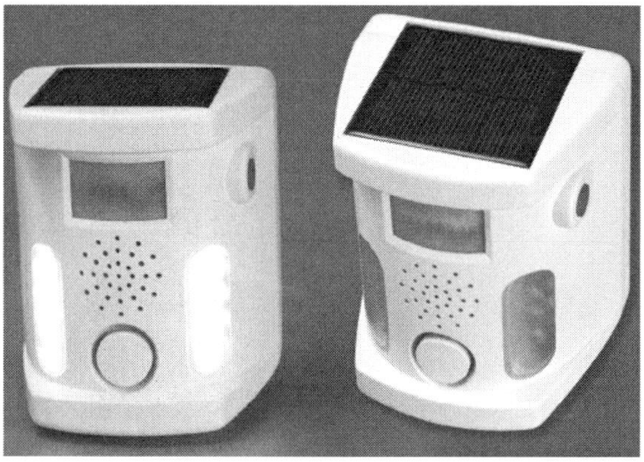

그림 1-9. 원격처벌용 도구

7) 페로몬양 물질방산제(페리웨이®, DAP®)

페리웨이®는 고양이의 오줌분사행동에 대해 유용한 분무제로 고양이의 불안을 없애는 페로몬효과에 의해 분사행동이 감소된다. DAP®는 개의 불안을 경감한다. 모두 콘센트 접속형 분무기에 장착하여 사용한다.

그림 1-10. 페로몬양 물질분무제

8) 기피제(비타애플® 등)

개나 고양이가 불쾌하게 느끼는 냄새나 맛이 나는 분무제나 크림 등으로 특히 파괴행동에 대해 적용한다. 전용의 것이 아니라도 식초나 타바스코, 인간용 구취예방제 등을 이용하는 것도 가능하다.

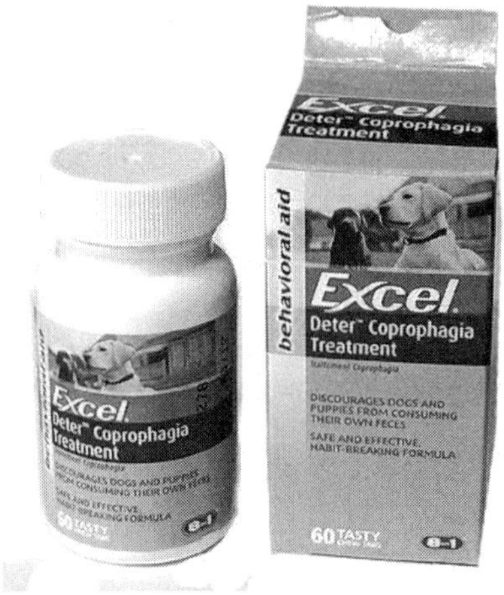

그림 1-11. 기피제

3. 약물요법

동물행동 전문 수의사에게 의뢰하여 약제나 호르몬제를 사용하여 문제행동을 해결해가는 방법이다. 단, 현재 약제투여만으로 문제행동이 완전히 해소되는 일은 없으며 거의 모든 증례에서 약물요법은 행동수정법을 보조하는 형태로 이용된다.

4. 의학적 요법

동물행동상담사의 판단에 의해 수의학적 처치가 필요한 문제로 판단되는 경우에, 동물행동 전문 수의사에게 의뢰하여 행동치료를 받도록 한다. 문제행동치료 시에는 동물행동 전문 수의사에 의한 의학적 요법이 고려되는 경우도 많으며 그 중심은 수컷의 거세이다. 동물행동 전문 수의사에 의뢰하여 시행할 수 있는 의학적 요법 중 거세·피임 이외의 것은 대증요법에 지나지 않으며 통상은 행동수정법의 보조로서 이용된다.

1) 거세

웅성호르몬인 테스토스테론이 원인이 되는 문제행동 중 어떤 것들은 거세에 의해 개선되는 경우가 있다. 개에서는 마킹, 마운팅, 방랑벽, 함께 사는 개에 대한 공격, 주인에 대한 공격에 대해 일정 효과가 기대되며, 고양이에 대해서는 방랑벽, 고양이 간의 싸움, 오줌분사에 대해 상당히 효과적이라는 것이 확인되었다

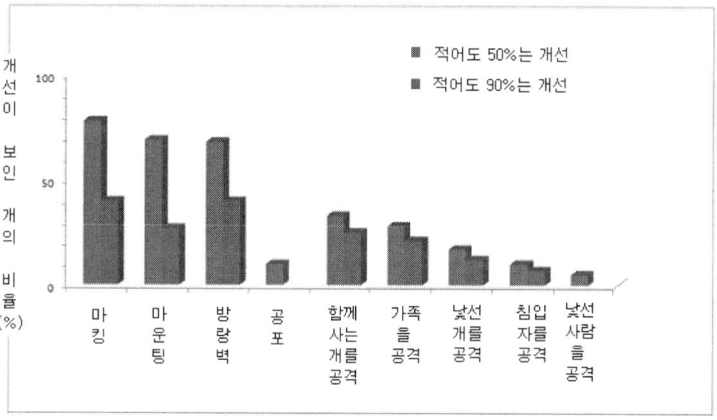

그림 1-12. 개의 문제행동에 대한 거세의 효과(Neilson et. al., 1997에서)

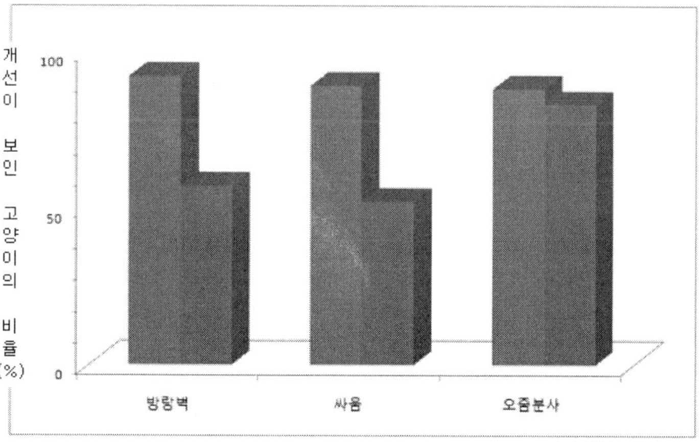

그림 1-13. 고양이의 문제행동에 대한 거세의 효과(Hart et. al., 1973에서)

2) 피임

고양이의 고도한 발정행동에 대한 치료 이외의 목적으로 피임이 문제행동의 치료에 이용되는 경우는 거의 없다. 최근에 실시된 조사에서 공격행동을 보이는 암캐를 피임함에 따라 공격성이 더 악화될 가능성이 보고되었으므로 이러한 종류의 문제행동을 가지고 있는 개의 피임에는 신중을 기해야 한다.

3) 송곳니절단술

대형견은 살상능력이 높기 때문에 과거에 교상사고를 일으킨 경력이 있는 개에 대해서는 동물행동 전문 수의사에 의뢰하여 송곳니를 절단하는 수술이 필요한 경우가 있다.

4) 성대제거

쓸데없이 격렬히 짖어서 인근 주민들의 불만이 끊이지 않는 경우에 동물행동 전문 수의사에 의뢰하여 적용되는 일이 많다. 그러나 성대를 제거해도 짖는 행동이 사라지지 않는다는 점, 성대는 재생할 가능성이 있다는 점도 주인에게 충분히 설명해두어야 한다. 동물복지 차원에서도 쓸데없이 짖는 것에 대한 치료에 관해서는 문제가 있는 개의 짖는 원인을 찾아내 그 동기를 줄이는 행동수정법의 적용을 첫 번째 선택지로 해야 한다.

5) 앞발톱제거술

고양이의 공격행동이나 부적절한 발톱갈기행동 문제에 대하여 동물행동 전문 수의사에 의뢰하여 적용된다. 이들 수술에 의해서도 문제가 있는 고양이의 동기는 경감되지 않으므로 인간 측의 피해가 주는 경우는 있어도 문제행동이 억지되는 일은 없다. 동물복지 차원에서도 행동수정법이 우선되어야 하며 경우에 따라서는 발톱커버의 적용을 검토한다.

제 2 장
반려동물의 문제 행동과 교정
Companion animal behavior problems & Correction

Ⅰ. 개의 문제 행동과 교정

Ⅱ. 고양이의 문제 행동과 교정

<개를 보면 주인의 성격을 알 수 있다> 라는 말을 들어 보았는가?

특수한 환경이나 환경적 변화 또는 생리적 본능이나 특정 질병관계가 아니라면, 사회적 문제가 되는 개의 행동은 대부분 보호자의 무지로 인한 문제행동 촉발이자 보호자(내담자) 자신의 문제 행동이 원인이다.

상담자는 이를 고려하여 내담자와 반려동물의 문제를 동시에 교정해 주어야 한다.

Ⅰ. 개의 문제 행동과 교정

학습목표
1. 무엇이 개의 문제 행동인가를 이해한다.
2. 개의 문제 행동을 유발하는 원인을 살펴본다.
3. 개의 문제 행동을 교정하는 방법을 알아본다.

1. 무엇이 개의 문제 행동인가?

사람의 관점에선 어떤 것들이 개의 문제행동으로 보이는가?

말을 잘 듣지 않는 것? 얌전하지 않은 것? 대소변을 잘 가리지 못하는 것? 너무 짖어 시끄러운 것? 타인을 무는 공격성? 여러분은 어떤 것을 문제행동이라 여기는가? 같은 품종이어도 성격이 다르고, 암컷과 수컷의 성향이 다르며, 심지어 같은 배에서 태어난 강아지들조차도 다른 성향을 갖고 있다. 그러므로 개의 생살여탈권(生殺與奪權)을 쥐고 있는 보호자(내담자)는 강아지를 입양하기 전에 개의 습성을 충분히 인지하여야 한다.

동물행동상담사는 보호자(내담자)가 개의 문제행동을 유발하지 않도록 지도해주고 올바른 훈련방법을 가르쳐 주어야 한다.

Key word

개는 원래 그렇다.

보호자인 내담자가 개의 습성을 모르고 있어 문제행동을 야기 시킨다. 곧 개의 문제행동은 보호자의 문제성인 경우가 대부분이다.

따라서 동물행동상담사 동물의 행동을 습득하여, 보호자를 상담하는 학문이다.

(1) 반려견의 문제행동

대가족에서 핵가족으로 가족의 형태가 바뀐 지 이미 오래이며 최근 들어 일인가구는 500만 명을 넘었다. 가족의 빈자리는 가축 수준이었던 개의 위상을 반려견으로 높여 놓았다. 여러 반려동물이 있지만 사람과 교감하며 곁에서 먹고 자며 주인을 지켜주는 유기적 관계는 개가 으뜸일 것이다.

개를 좋아하는 대부분의 사람들은 자기의 어린 반려견에게 좋은 것을 먹이고 똥, 오줌을 치워주는 것도 즐거움으로 느낀다. 함께 먹고 자고 놀아주며 행복감을 얻기도 한다. 또한 개가 병들지 않고 행복하게 오래 같이 살기위해 노력한다.
그러나 때로 개에 대한 사랑이 지나쳐 사람처럼 대하다 보면, 개는 집단과 무리의 서열을 갖는 동물이기에 성장 후 생각지도 못한 문제가 나타날 수 있다.

개와 단둘이 산다면 그리 큰 문제가 없을 것이다. 그러나 가족이 여러 명 있는 경우는 다르다. 식사시간, 사람보다 먼저 식탁에 입을 대는 개에게 가족 모두 관대할 수는 없다. 침실을 돌아다니며 침구와 옷가지에 개털을 묻혀대고, 카펫에 오줌을 싸고, 아무데나 똥을 싸 놓는다면 개로 인해 가정은 불화가 발생할 것이다.

외출 후 귀가하면 반갑다고 짖고, 택배 왔다고 알려주려고 짖어 대는 소리가 보호자에게는 예쁘고 고맙게 들리지만 이웃에게는 같을 수가 없다. 이웃에게는 소음이고 그로 인해 몇 번 이웃과 충돌했다면, 자신의 예쁜 개가 반갑다고 짖는 소리도, 손님이 오셨다고 알려주는 소리도 마음을 불안하게 만든다. 어쩔 수 없이 개를 제제하게 되고"하지마"라며 소리를 지르게 된다. 그럼에도 개가 멈추지 않거나, 같은 상황이 반복된다면 보호자는 문제견으로 치부할 수 있다. 여러분들은 어떤 경험을 가지고 있는가?

우리가 흔히 말하는 개의 문제행동은 사실 개의 문제가 아닌 것이 대부분이다.
이 장에서 주로 다뤄지는 학습내용은 개와 고양이에 대한 지식 부족에서 발생하는 경우이다. 보호자(내담자)가 알아야 할, 개와 고양이의 습성을 우선 인지하고, 그와는 달리 환경적, 생리적, 질병으로 나타나는 '진짜 문제행동'에 대해서도 알아보자.

(2) 개의 습성(The habits of dog)

개는 조상인 늑대와 같이 무리를 이루고 생활하는 집단동물이다. 최고 우두머리인 리더(leader)를 중심으로 사냥과 영역 경계, 무리를 보호하고 번식하는 지능과 본능을 지니고 있다.

다시 이해하자면, 대부분의 개는 누군가의 리드(lead)에 의지하고 그 안에서 안정된 생활을 하고자 한다. 「리더를 따르는 것」은 개의 습성이고 본성이다. 바로, 개의 이런 습성때문에 인생의 동반자가 되어 서로 의지할 수 있는 장점으로 나타난다.

어미의 젖을 빨며 무리 속에서 안정을 느끼던 강아지가, 어느 날 한 가정의 낯선 환경에 처하게 된다. 어미와 형제들과 떨어진 강아지는 입양된 각 환경에 따라 심한 공포감을 느끼거나 외롭고 우울하게 될 것이다. 그러나 곧 강아지는 선천적 본능으로 자기를 돌보아줄 리더를 찾아내려 한다.

강아지를 입양한 보호자가 개의 습성을 이해하고, 개의 입장에서 보살펴 준다면 강아지는 당신에게 평생 충실한 반려견이 되어 줄 것이다. 그러나 보호자가 개의 습성을 충분히 이해하지 못하고 입양한 경우에는 여러 가지 이유로 예측 불허의 문제행동을 만들어 내게 된다.

예를 들면, 강아지를 너무 귀여워 해 강아지에게 입을 맞추거나, 강아지를 사람의 얼굴보다 높이 들어 우러러보는 자세를 취하는 것, 배 위에 올려놓고 놀거나 잠자게 하는 행위, 음식을 나눠줄 때 강아지를 먼저 먹이고 사람이 나중에 먹는 행동 등은 강아지

자신이 내담자의 리더라고 생각하게 한다. 그렇게 성장한 강아지는 성성숙기를 거치면서 주인에게 복종하지 않고 마음대로 행동하는 문제견이 될 수 있다. 폐해(弊害 harmful effects)는 주인의 소파와 침대에 함부로 오른다거나 허락 없이 식탁에 입을 대고, 뺏어 먹지도 않는 밥그릇을 지키며, 영역 표시용 소변(marking)을 아무 곳에나 해대며, 주인뿐 아니라 타인에 대한 공격성의 심화 등으로 나타날 수 있다.

1) 강아지의 습성

* 개는 선천적으로 무리를 이루며 리더(leader)를 따르는 습성을 지녔다.
* 리더를 잃으면 개는 불안해진다.
* 강아지 때 보호자인 내담자가 리더임을 확실히 알게 한다.

2) 주인의 잘못된 희망사항과 강아지

주인의 희망사항

족보도 있고
얼마짜리인데
알아서 잘하겠지?
훌륭한 강아지가 되어야 해!
똥, 오줌 잘 가리고
아무거나 물어뜯지 말고
크게 짖지 말고
내가 외출할 땐 말썽부리지 말고
산책 나갈 땐 조신하게
명품 견으로 행동해줘!

TiP

사람도 아기 때는 기저귀에 배변을 하고, 유아일 때 대소변 교육을 받지만, 아동기뿐만 아니라 청소년기에도 간혹 잠자리에 실례를 할 때가 있다. 강아지도 성장하면서 그런 실수를 한다. 혼내거나 성급히 배설에 대한 문제행동으로 규정짓지 말고 기다려 주면 차츰 나아지므로 그 기간 동안은 꾸준한 반복 훈련을 시켜야 한다.

3) 성견의 습성

TiP

* 성견이 되면 행동을 교정하기가 어렵다.
  전문 동물행동상담사를 통해 많은 시간 반복훈련이 필요하므로, 습성을 잘 이해하여 좋지 않은 행동은 강아지 때 미리 막아야 한다.
* 개의 집단 경계 본능은 주인에 대한 충성심으로 이어지게 되므로 믿음을 심어주고 신뢰를 쌓아 유기적인 관계를 형성한다.

(3) 개는 서열(rank)의 동물

무리를 이루고 살아가는 습성을 가진 동물들은 집단의 서열이 분명하게 나타난다.
서열이란? 한 집단에서 일정한 기준에 따라 순위를 정하는 것으로 육체적, 정신적인 힘(power)의 순서를 말한다. 리더와 서열이 정해지지 않은 상태에서는 서열이 분명해질 때까지 서로 싸우게 된다. 하지만 서열이 정비된 후에는 싸움이 발생하지 않는다. 서열이 잘 갖추어진 집단에서는 명령과 복종이 확실하게 지켜진다.

한 예로 25마리 정도의 무리를 이루고 사는 닭의 경우, 서열이 안정되어 있기 때문에 평온하게 음식을 쪼아 먹는다. 그런데 낯선 닭을 구해 와서 무리 안에 넣으면, 총 26마리의 서열이 다시 먹여질 때까지 한동안 기(氣)싸움을 하게 되며, 서열이 정해지면 바로 안정된 집단이 된다. 서열에 복종하지 않으면 무리 전체로부터 공격을 받아 도망가야하거나 그렇지 못하면 죽음을 맞게 된다.

강아지 때는 온순했던 강아지가 성견으로 자라면 사나워지는 경우가 많이 있다.
개는 성장하면서 보호자와 가족들이 눈치 채지 못하는 틈틈이 놀이 등의 다양한 방법을 통해 힘겨루기를 한다. 보호자가 리더로서의 역할을 제대로 못할 경우 자신이 리더가 되려고 호시탐탐 노리고 있다. 보호자는 항상 분명하고 파워 있는 행동으로 리더의 모습을 보여야 한다. 그래야만 충성스런 개를 만들 수 있다.
개의 생활 방식을 꾸준히 공부하고, 시중에 나와 있는 반려동물의 행동습성과 문제행동의 교정, 훈련학 등의 서적을 많이 보아야 할 것이다. 그리고 반려동물 카페와 전문 동물병원, 전문가들과의 상담과 조언이 앞으로 동물행동전문상담사로 활동하는데 도움이 될 것이다.

(4) 개의 리더(leader)로서의 나

개의 리더란? 무리의 우두머리로 존경을 받고 명령을 해야 하며, 원하는 일에 대하여 그것을 하도록 복종시켜야 한다. 「도그 위스퍼러(Dog Whisperer)」라 불리는 씨저 밀란(Cesar Millan)도 문제행동을 일으키는 개에게 주인이 리더로 행동할 것을 강조하고 있다. 리더로서 역할을 하지 못하면 개는 바로 리더의 자리로 오르려고 하므로 통제가 되지 않는 상태가 되는 것이다.

(5) 훈육과 복종훈련은 언제(discipline & obedince)?

인생을 함께 할 사랑스러운 반려견에게 서열을 분명히 알려주는 교육과 함께 개가 의지하고 따를 '리더는 주인'이라는 것을 분명히 인지시켜야 한다. 훈육과 복종훈련의 인지학습은 강아지 때하는 것이 가장 빠르고 정확하게 나타나며, 이미 성숙한 개에게는 많은 시간과 무한반복, 전문가의 도움이 필요하게 됨을 잊지 말아야 한다.

강아지 때란? 개의 품종별로 다르고 대형견, 중형견, 소형견이 조금씩 다르다. 대형견은 소형견에 비해 강아지기간이 길고 소형견은 성숙이 매우 빠르다. 일반적으로 소형견은 5~7개월, 대형견은 7~9개월까지이며, 생물학 상으론 이갈이를 할 시기까지를 말한다. 따라서 훈육과 복종훈련은 보편적으로 40일부터 이갈이 기간까지 끝마쳐야 한다.

(6) 당황하지 말고 「앉아/ 기다려」만 정확히 훈련시키면 특수훈련도 끝!

특수훈련을 받은 개도 부럽지 않은 복종 훈련이 바로 「앉아」와 「기다려」 이다.

모든 훈련은 여기에서 출발하며 가장 기본이 되는 훈련인 동시에 개와 소통할 수 있는 기본적인 언어이기도 하다. 또한, 「앉아」는 기다려, 「기다려」는 곧 앉는 것으로 시작되며 결과는 같이 나타난다. 앉지 않으면 반복해 앉게 하고, 기다리지 않으면 앉게 해서 제제를 가한다. 여기에는 두 가지 방법이 병행된다.

첫째, 칭찬과 함께 먹을 것을 주는 것이고,
둘째, 먹을 것을 주지 않고 칭찬만 하는 경우이다.

첫 번째는 사람에 비유하면 유아기와 아동기이며 이며, 두 번째는 청소년기라 할 수 있다. 「앉아」라는 명령어에 따라 앉으면 맛있는 작은 간식을 미리 준비하였다가 준다. 강아지가 처음부터 앉지는 않겠지만 보호자가 간식 주는 행동을 멈추고 기다리면 강아지는 「앉아」라는 명령어 없이도 앉게 된다. 그때 "잘했어"하고 칭찬과 함께 간식을 준다. 같은 반복을 통하여 강아지는 간식을 먹으려면 앉아야 하고 먹기 위해서는 기다려야 하는 것을 깨닫게 된다. 간단한 훈련임에도 많은 사람들이 대부분 그 시기를 놓치고 주인에게 복종하지 않는 말썽꾸러기로 만드는 것은 강아지가 「앉기」와 「기다리기」를 하기 전에 보호자가 참지 못하고 먼저 간식을 주기 때문이다.

따라서 동물행동상담사는 강아지보다 보호자를 먼저 컨설팅(consulting)하여야 한다.

(7) 울타리 안에 집을 만들어 주면 안정 끝! 문제 행동 끝!

개에게 편히 쉴 수 있는 자기만의 영역을 만들어 주어야한다. 개의 조상인 늑대를 보면 땅을 파고 어두운 굴 안에서 생활을 한다. 번식된 새끼들은 어미가 사냥을 나갔을 때에도 그 안에서 안정을 취하고 어미를 기다린다. 굴 안에서 소리를 내는 것은 자신을 발각시키는 일이므로 새끼들은 조용히 휴식을 취하며 어미를 기다린다.

개도 마찬가지이다. 자신을 숨길 수 없는 오픈된 집이라면, 개는 불안해하고 작은 소리와 움직임에도 자신의 몸이 노출되어 있는 이유로 민감하게 반응을 보인다. 불안정한 환경은 심한 경계와 공격성을 야기 시킬 수 있다.

단독주택 뿐 아니라 외부와 차단된 아파트에서도 거실 또는 빈 방에 울타리를 갖춰 주고 그 안에 굴 같이 어두운 집을 만들어 안정감을 주면, 앞으로 일어날 수 있는 문제 행동들의 대부분을 미연에 방지할 수 있을 것이다.

① 울타리는 불안한 나를 보호하는 성벽(wall of castle)

울타리는 가둬놓는 용도라기보다는 어린 강아지가 외부로부터의 안전을 확보하는 개념으로 이해해야한다.

② 성(castle)안에 가두어 놓는 일도 동시에.

울타리는 사람이 활동하는 공간, 반려견과 공유하는 공간, 반려견만을 위한 공간을 인식시키기 위해 경계를 알려주고 가두어 놓는 역할도 한다.

③ 성안의 침실

울타리와 그 안에 자신을 숨길 수 있는 작고 어두운 집을 만들어주면 아래와 같은 문제들을 조기에 예방할 수 있다.

첫째, 분리불안
둘째, 말썽피우기
셋째, 소리 내어 짖기
넷째, 배변 가리기

위의 네 가지 문제 중 어느 하나만 발생해도 개와 함께 하는 것이 결코 행복하지만은 않을 것이다. 「울타리와 그 안에 집」을 마련해 주는 것은 네 가지 문제를 미연에 방지할 수 있어 어느 전문(professional)훈련사 못지않은 훌륭한 보호자가 될 수 있다.

2. 개에게 나타나는 문제행동의 주된 원인

개에게 나타나는 문제행동은 기본적인 욕구 불만에도 원인이 있다.
하나의 병증으로 치부하기 전에 그 원인을 파악하고 있으면, 병증으로 나타나는 문제행동을 사전에 예방할 수 있다. 이에 대한 이해는 앞으로 동물행동상담에 임하기 위한 기본으로, 개에 대한 사전 지식 없이 반려견을 입양하는 보호자들에게 카운슬링(counseling)할 사항들이다.
이 장에선, 사람의 성장에 비유하여 예를 들어 설명하고자 한다.

(1) 두려움과 불안(feat & anxiety)

개는 두려움을 느끼면 쓸데없이 짖게 되며, 멀리 있는 동료에게 도움을 청하기 위해 하늘을 향해 포효하듯이 울부짖는다. 주변 물건을 물어뜯는 파괴적 행동으로 말썽을 부리거나 아무데나 배설을 하고 몸에 묻히기까지 한다.

갓 입양된 강아지의 입장에서는 당연한 것이라 볼 수 있다. 그러나 이를 방치하였을 경우는 장래 불안기질을 만들어 낼 수 있으므로 두려움과 불안을 느끼지 않도록 조치를 취해주어야 한다.

이러한 두려움을 해결하는 방법으로는 같이 있어주고, 같이 놀아주는 것이 최선이지만, 강아지를 혼자 두고 나가야 하는 경우에는 쉽지 않은 일이다. 가장 좋은 방법은 자기만의 안정된 공간을 확보해 주는 것이다. 실내라 하더라도 울타리와 어두운 집을 만들어 줌으로서 두려움과 불안을 덜어 줄 수 있다.

다음은 반려견이 두려움과 불안을 느끼는 몇 가지 상황이다.

① 어미와 떨어져 갓 입양된 강아지
② 살던 집에서 다른 집으로 이사 했을 경우 - 환경변화에 따른 불안
③ 다른 반려견의 등장으로 주인의 사랑을 빼앗겼다는 불안감.
  - 이는 난폭행동, 괴롭히기, 의기소침 등으로 나타난다.
④ 집안에서 두려운 존재로 인한 공포
  - 반려동물을 싫어하는 삼촌, 누나, 형 또는 엄하고 무서운 아버지에 대한 공포로 개가 주인(리더)이라고 생각하는 사람이 아닌 3자를 말한다.

(2) 외로움(loneliness)

병중에 가장 무서운 병이 외로움이라 한다. 외로움은 알 수 없는 질병을 만들어내는 요인이다. 「맛있는 것을 보아도 식욕이 없다.」, 「잠자리를 편하게 만들어 주어도 숙면을 취하지 못한다.」, 「모든 일에 의욕이 없다.」, 「침울하다.」.

왜 이러한 문제가 일어날까? 이러한 경우에는 먼저 전물동물병원을 찾아가야 한다. 질병이 든 경우가 많다. 그러나 질병이 아니라고 진단 받았을 경우에는 같이 놀아 주며, 먹을 것을 챙겨주고 봐주며, 잠잘 때 곁에 있어주는 것으로 쉽게 해결할 수 있는 사항이다. 누가 그것을 모르겠는가! 하지만 어쩔 수 없이 오늘도 강아지를 혼자 두고 출근할 수밖에 없는 현대인들이다.

이런 문제들을 해결하는 몇 가지 방법들을 소개한다. 우선 고전적인 방법으로는 안정된 잠자리를 만들어 주고, 그 안에 주인의 냄새가 나는 옷가지를 놓아주기, 평소 좋아하는 장난감 놓아주기, 사료와 먹을 물을 가득 부어 놓고 외출하기 등이 있다. 그러나 물질이 아닌 주인에게 그리움을 갖는 대부분의 반려견들에게는 완벽한 해결책이 되지 못한다.

또 다른 방법은 좋아하고 마음이 맞는 동종의 친구 만들어 주기인데, 반려견을 두 마리나 기른다는 것이 다소 벅찰 수 있다. 또한 두 마리의 반려견에게 똑같이 사랑을 나눠주는 것은 자칫 받는 입장에서 질투라는 새로운 문제가 생길 수 있다. 최근에는 반려동물 전용 프로그램이 유, 무선 방송으로 등장하여 개에게 이 프로를 보여주고 상당한 해결을 보는 경우도 있다. 그런데 웃지 못 할 일은 개에게도 TV중독증이 나타난다는 것이다. 앞으로는 외로움을 달래주기 위해 지능형 로봇도 곧 등장할 것이라 예측해 본다.

또 다른 방법은 반려동물 유치원에 보내는 것이다. 반려동물 유치원에서는 같이 놀아주기와 건강진단, 다른 개들과의 사회성 교육이 이루어지며, 간단한 훈련도 받을 수 있다. 특별한 경우 단독 맞춤형 위탁도 가능하기 때문에 외로움을 보다 빠르게 치유시킬 수 있다.

그러나, 최근에 위와 같은 공동 유치원이나 동물호텔에 보내지 않고 가정교사처럼 가정 방문을 해주기를 원하는 사람들이 많이 늘어나고 있다. 유치원이나 동물호텔에 보낸다는 것은 새로운 질병과 전염병에 노출시킬 수 있기 때문이다. 이러한 사회적인 변화가 가정으로 방문해 1:1(Case by case)의 자문을 해줄 수 있는 「동물행동삼당사」를 더 필요로 하게 되는 이유가 된다.

(3) 배고픔과 식탐(hunger & gluttony)

<금강산도 식후경> 충분히 먹어야 좋은 구경도 한다는 뜻인데, 사실 배가 고프면 아무리 좋은 것을 가져다주어도 관심이 없다. 즐겁게 놀기 위해서는 미리 잘 먹어 두어야 한다. 행복하게 잠들기 위해서는 잘 먹고 포만감이 느껴져야 한다. 그렇지 못한 경우 개는 매사에 무력하고 잘 놀지도 않으며, 특히 「앉아」, 「기다려」 등 기초 훈련도 어려워짐을 명심해야 한다.

배고픔을 없애는 방법은 아래와 같다.

① 매일 같은 시간에 밥을 나누어 준다.
② 간식을 주지 않는다.
  - 간식은 반복 훈련을 도와주는 수단으로 이용해야 하며, 칭찬할만한 일이 생겼을 때, 항상 미리 준비하고 있다가 바로 보상을 해주어야 칭얼대지 않는 품격 있는 개로 성장시킬 수 있다.
③ 적당한 운동과 산책이 필요하다.
  - 그렇지 않으면 개는 먹는 것으로 욕구를 채우려 하기 때문에 밥을 충분히 주었음에도 불구하고 식탐 있는 개가 된다.
④ 기초 훈련과 놀아주기를 해준다.
  - 개는 주인과 노는 것 자체만으로도 배고픔을 잊는다. 위에서 언급한 것처럼 욕구불만을 먹는 것으로 해결하지 않도록 한다.
⑤ 위와 같이 했음에도 식탐이나 과식을 하는 경우는 다음과 같은 것들이 있다.
  그러나 우선 전문 동물병원을 찾아가 진단을 받고 원인에 찾아야 하며, 질병적인 문제가 아니라고 판단되었을 경우에 전문동물행동상담사의 자문을 받아 조기에 교정해야 한다.
  - 영양의 불균형
  - 사료의 유통기한 확인
  - 유통기한이 지나지 않았지만 사료포대를 공기와 차단시키지 않고 열어 놓은 경우. 영양소가 파괴되어 영양의 불균형이 나타난다.
  - 사료의 질 문제로 사료 회사를 바꾸어 본다.
  - 성장기에 따라 고단백, 높은 영양을 필요로 하므로 사료선택을 잘해야 한다.
  - 성견은 보다 낮은 칼로리로 맞춰 주어야 한다.

- 품종에 따라 유난히 먹성이 좋은 경우도 있는데, 좋은 영양가의 사료로 무제한급이 하는 방법으로도 식탐과 과식을 방지할 수 있다.

TiP

* 무제한급이란? 사료의 양을 제한하지 않고 먹은 만큼 다시 보충해주어 '먹을 것이 항상 있으니 식탐을 갖지 마'와 '몸에서 원하는 영양소를 채울 때까지'와 같은 경우에 선택하는 교정하는 방법 중의 하나이며, 사료의 양을 제한하는 제한급이와 반대되는 급이방법으로 전문가의 상담을 받고 실행해야한다.
* 개를 포함한 대부분의 동물은 에너지 칼로리(energy calorie)로 먹기 때문에 양보다는 고품질의 사료를 선택해서 주어야 영양부족으로 인한 식탐을 방지할 수 있다.

(4) 배설 욕구(excretion desire)

대부분의 포유동물은 배설을 아무데나 하지 않는다. 특히 개과의 동물들은 더욱 그렇다. 야생의 늑대를 보면 알 수 있고, 심지어 가정에서 기르다 버려져 야생화 된 개에게 있어서도 매우 신중하게 배설 장소를 선택한다.

생리적인 배설 외에 경계성 영역의 표시로 배설을 하며, 출산한 어미개의 경우에는 새끼의 똥, 오줌을 재빨리 먹어 치워 외부의 적에게 노출되는 것을 막는다. 이렇듯 개의 배설 관리는 필요에 따라 의도적이기도 하고 치밀하기도 하다.

그렇다면 사람이 보는 부적절한 배설이란 어떤 경우를 이야기하는 것일까?

반려견을 기르는 환경에 따라 다를 것이다. 현재 저자의 경우(2013년~)는 두 마리의 유기견을 입양하여 기르고 있다. 그 중 한 마리는 아파트에서 기르던 녀석인데 성장해서도(입양당시 8개월 정도) 똥, 오줌을 가리지 못했다고 했다. 고민 끝에 주인은 식당을 하시는 시골 어머니께 데려다 줄 수밖에 없었다. 가족과 떨어졌으니 매일 밤 울어댔으며 낮에는 식당 안을 돌아다니며 손님들에게 다가가 킁킁거리며 냄새를 맡았다. 게다가 식당 안에 똥과 오줌을 싸 놓아서 어머니마저 "개가 자발 맞아 못 기르겠다!"며 백기를 들고 마셨다. 그리하여 이름이 「몽이」는 저자의 사랑스러운 저자의 반려견이 되게 되었다. 「몽이」는 코카스파니엘(Cocker spaniel)과 요크셔테리어(Yorkshire Terrier)의 잡종견으로 보인다.

저자의 집에 온 몽이는 '개가 자발 맞아 못 기르겠다.'는 생각이 들지 않았다. 쓸데없이 짖지 않았고 아무데나 똥, 오줌을 싸지도 않았다. 저자가 특별한 능력이 있어서 그런 것은 아니다. 저자의 마당은 3,000㎡로 잔디와 나무로 구성되어 있는데 「몽이」가 소변과 대변을 보는 장소를 스스로가 선택했기 때문에 매일 같은 장소에서 보는 것이다. 이를 통해서도 배설은 훈련에 의해서가 아님을 증명한다.

하지만 대부분의 경우에는 작은 마당과 실내에서 기르기 때문에 어릴 때부터 배변훈련을 시키지 않으면 안 된다. 훈련은 영역이라는 관점에서 선을 그어 주어야 개가 이해하고 따르게 될 것이다. 보호자가 배설욕구에 대한 인식과 학습을 미리하지 못한다면 대부분 이런 문제로 성견이 된 애완견들이 버림받게 될 것이다. 이는 곧 사회의 유기견 문제로 이어진다.

개가 생활공간에서 대소변을 가리지 못하는 것은 큰 문제가 되므로 다음과 같은 예로 개의 배변 습성을 알아보자.

생후 3개월 미만의 강아지는 충분한 식사 후 10~20분 안에 배변을 한다. 거의 모든 개들이 포만감을 갖는 식사 후, 30분 안에 배변을 하게 된다. 보편적으로 충분한 식사 후 대변을 참는 것은 4~7개월 된 강아지는 대부분 20분까지 참을 수 있고, 성견은 20~40분 정도를 참을 수 있다. 따라서 그 시간 안에 변을 볼 장소로 옮겨주거나 찾아가도록 조치하고 반복적인 훈련을 시켜야만 한다. 교육이 잘되고 완전한 성견이 된 경우, 어떤 개들은 6시간에서 12시간 정도 배변을 참아내는데 진돗개의 경우가 그렇다. 그러나 참는 것이지 배설 욕구가 없는 것이 아니므로 식사 후, 배변을 바로 할 수 있도록 환경을 만들어 주는 것이 중요하다.

이때 주의해야 할 것은 배설하는 것을 지켜보지 않는 것이 좋다. 배설의 의미는 앞에서 언급했듯이 배설자체만이 아니기 때문에 배설하는 것을 지켜보는 것은 사람과 마찬가지로 강아지도 불쾌감을 느낀다. 사람은 치부를 보여 창피하고 불쾌한 생각이 든다면, 개는 무리들과의 서열, 적과의 생존에 관련된 문제이기에 더욱 그러하다 하겠다.

(5) 잠(sleep)과 휴식(rest & relaxation)

잠을 편하게 재워야 개는 휴식을 취하고 성장할 수 있다. 특히 성장기의 강아지는 배불리 먹고 잠을 잠으로서 잘 놀고 질병 없이 건강하게 성장할 수 있다.

늑대들은 낮에는 동료, 가족과 함께 놀기도 하고 휴식을 취하거나 잠을 자다가 밤이 되면 먹을 것을 찾아 나선다. 이것은 늑대의 본능적인 습성이며 새끼들에게 가르치는 생존법이다. 원래 개도 늑대처럼 야행성 동물이다.

태국, 미얀마, 캄보디아가 속해있는 인도차이나 반도와 인도 등의 나라에서는 대부분의 토종개에게 따로 밥을 주지 않는다고 한다(펫숍에서 구매한 반려견 제외). 멕시코 출신의 도그(dog) 문제행동 상담사인 씨저 밀란도 멕시코에서는 개들에게 따로 밥을 주지 않는다고 그의 책에 서술하고 있다. 그 이유는 낮에는 잠을 자거나 휴식을 취하고 가끔 양이나 소몰이를 도와주다가 밤이 되면 스스로 알아서 사냥을 해 먹는다고 한다.

인도와 인도차이나에서 길거리 개들은 낮엔 차가 지나다니는 길바닥에서 자거나 휴식을 취한다. 따로 밥을 주지 않는 개들은 사람들이 지나다녀도 반응하지 않으며 매우 게으르고 순해 보인다. 이런 개들은 낮엔 사람들에게 전혀 공격적이지 않다. 그러나 밤이 되면 이들의 눈빛은 빛나며, 동네 다른 개들과 무리를 이룬다. 드디어 사냥을 즐길 시간이 된 것이다. 사원에 공양으로 바쳐진 음식을 먹거나, 쥐와 작은 짐승, 개구리, 곤충, 풀 등을 뜯어 먹으며 다닌다. 개들이 무리지어 다니는 곳에서는 "밤에 사람이 혼자 돌아다니는 것은 죽음을 자초하는 일"이라고 주민들은 말한다. 무리를 이룬 이들은 각자의 정해진 행동으로 사람을 공격하여 물어뜯는다. 야생의 힘 좋은 멧돼지도 혼자라면 잡혀 먹힌다. 이것이 개의 습성인 것이다.

그런데 반려견으로 생활하고 있는 개는 그러한 습성욕구를 충족시키지 못한다.

사람의 활동시간에 맞춰 생활하다보니, 낮에 휴식과 잠을 취하지 못해 피곤과 불만이 쌓이는 경우가 나타난다. 반려동물을 판매하는 숍(shop)에 있는 강아지들은 더욱 그렇기에 분양받은 강아지가 질병에 잘 걸리고 죽는 이유 중의 하나가 된다.

어린 아이도 잠을 자고 싶은데 못자면 투정이 심해지듯, 편하게 충분히 자지 못한 개 역시 그렇다. 성질이 날카로워 지거나 무기력해지기 때문에 교육과 훈육의 효과가 떨어지는 것을 잊지 말아야 한다.

(6) 성장기 호르몬의 변화(hormonal changes)

사람은 성호르몬이 나타나는 사춘기에는 여러 가지 육체적 변화뿐만이 아닌 정신적으로도 변화가 생긴다. 개는 사춘기라 하지 않고, 성적으로 성장한다하여 성성숙(性成熟, sexual maturation)기(期)라 한다. 이때는 성별에 대한 성호르몬(sex hormone)이

나타나 암컷과 수컷의 뚜렷한 행동차이가 만들어 지는 시기이므로 마냥 귀여운 강아지로 있지 않는다. "얘가 과거에는 그렇지 않았는데 요즘 와서 이상해졌어요."라며 병원을 찾는다. 언제까지나 당신의 귀여운 강아지일 수 없다. 성장을 받아들이고, 자연스럽게 행동을 받아들여야 한다.

수컷의 경우는 보다 큰 문제처럼 보일 수가 있는데, 자신의 영역을 표시하는 배뇨 행동인 마킹(marking)을 하기 때문이다. 식탁의 다리, 가구 모서리, 문틀을 가리지 않고 소변을 뿌려 놓는다. 심지어 가족의 다리에도 마킹을 한다. 밖으로 나가 산책하는 경우에도 곧장 달려가 담장 모서리와 전봇대 등에 마킹을 한다. 이것은 성 호르몬의 변화로 어른이 되었다는 것을 의미하며 자연스러운 일이다.

그러나 마킹은 습관적이어서 과도한 마킹을 유발시킬 수 있으므로 교정시켜야 한다. 지나친 마킹을 하지 못하게 하는 방법 중 하나는 산책 시 올가미식 개 목걸이인 초크 체인(choke chain)을 이용하는 것이다. 마킹 포인트(marking point)로 가지 못하게 하는 산책 방법으로 마킹 흥미를 점차 잃게 할 수 있다. 훈련은 교육과 함께 근본적으로 마킹 장소와 떼어 놓는 것이다.

그 밖에, 구애행동인 음경(penis) 내 보이기, 다리를 붙잡고 흔들거나 오르려는 짝짓기 행동인 마운팅(mounting) 등이 나타난다. 그것이 보기에 안 좋고, 심하다고 느껴지면 중성화 수술을 하는 것도 나쁘지 않은 방법 중 하나이다. 하지만 이미 버릇이 들여지면 중성화 수술 후에도 완전히 없어지지 않을 수 있다. 그러므로 입양 전부터 개를 어떻게 기를 것인지 계획을 잘 세워야 한다. 아식은 번식이라는 즐거움을 위해 기르는 경우가 많으므로 이 시기를 잘 넘길 수 있게 해주고 교육을 시키는 것이 더 중요하다.

(7) 성적 욕구(sexual desire)

유아기와 청소년기 그리고 성년에 이른 지금 여러분은 어떻게 변해왔는가? 아이를 낳아 길러 본 부모라면 보살핌이 필요한 아이들 때와 사춘기를 거쳐 성인된 자녀들이 어떻게 변화하였는지 알 수 있을 것이다. 그러나 그런 경험을 아직 하지 못한 경우의 젊은이 들은 다음과 같은 야생의 늑대생활을 알아볼 필요가 있다. 바로 이러한 것이 동물행동학을 공부하고 탐구하는 필요성일 것이다.

야생의 늑대와 들개들은 성성숙을 하게 되면, 수컷의 경우 독립적이 된다. 무리 내에서 서열 싸움을 하게 되고, 때로는 무리를 떠나 다른 무리의 우두머리와 싸움을 하기도 한다. 이것은 자기 자손을 남기려는 본능적인 행동으로 가정견으로 순화된 반려견에게도 나타나는 행동으로 자꾸 밖에 나가고 싶어 하는 이유 중 하나이다. 풀어져 있는 개는 배회하고 다닐 것이며, 같은 무리 내지는 다른 동네의 무리들과 힘겨루기 싸움도 하고 다닌다.

같은 실내 공간에 있는 다른 반려견이나 고양이 등에게 구애행동을 하며, 뜻대로 되지 않을 경우 사나와지고 난폭해져, 다른 동물을 괴롭히고, 집안의 집기들을 흩어놓고 물어뜯는 등 다양한 돌출행동들이 개의 성향에 따라 나타나게 된다.

이와 같은 행동을 완화시킬 수 있는 가장 좋은 방법은 장가를 보내주는 것이다. 너무 간단하고 완벽한 방법이지만 모두가 그럴 수 있는 상황은 아니므로 다른 방법을 찾아야 한다.

대용 인형을 만들어 주어 성적 욕구를 풀어주는 방법으로 큰 효과를 볼 수 있다. 최근 중성화 수술로 성 호르몬을 만들지 못하게 하는 방법도 있지만 그다지 바람직하진 못하다. 성적욕구는 시기가 지나면서 차츰 완화되어 눈에 들어 올 정도들의 문제를 보이지 않기 때문이다. 사람도 사춘기엔 성적 호기심이 왕성하게 발동한다. 그건 매우 건강하다는 것이고, 성인이 되면서 달라지므로 성적 호기심이 많다는 이유로 청년들을 거세하지는 않는다. 시집, 장가를 보내주는 것이 가장 완벽하고 반려견을 행복하게 해 주는 것이다. 어쨌든, 시기가 지날 때까지는 묶어 놓거나 가두어주고 관심을 다른 곳으로 돌릴 수 있도록 하며, 참고 기다려주는 보호자의 마음이 필요하다.

Tip

발정시기를 제외하면 별다른 성적 욕구불만 행동을 하지 않는다.

3. 개의 일반적 문제 행동의 교정

Key word

문제성 행동과 문제행동의 차이

저자가 이야기하는 「문제행동」(問題行動, problem behavior)이란 교정이 사실상 어려운 병의 증상으로 치료를 필요로 한다.

「문제성 행동」이란 반려견이 성장하면서 나타날 수 있는, 바람직하지 않은 습관이 만들어 지려는 시기의 행동이라 정의한다.

또한 문제성 행동은 미래 나쁜 습관이 고정되어, 병증의 문제행동이 되지 않도록 동물행동상담사와 반려동물 전문수의사, 그 밖의 전문가의 도움을 얻어, 보호자가 개의 습성을 이해하여 스스로 교정할 수 있는 범위까지를 포함한다.

따라서, 동물행동상담사는 반려견의 문제성 행동을 섣불리 예견하여 문제행동으로 판단하고 상담해서는 옳지 않겠다. 정말 그렇다면 동물행동상담사의 교정 범위를 넘어서기 때문에 전문동물병원으로 보내 치료를 받아야 할 것이다.

그렇지만 의미가 다름에도 불구하고 사회적으로 통용되는 「문제행동」이라는 용어에 대해 이 두 가지의 의미를 하나의 용어인 「문제행동」 또는 「문제행동의 교정」 등으로 표현하도록 하겠다. 어떤 경우의 의미로 받아들여야하는지 동물행동상담학을 공부하는 독자는 개념을 잘 이해하고 있어야한다.

개의 조상격인 늑대 무리의 행동을 이해하면 반려견의 문제행동 원인을 쉽게 찾을 수 있으며 교정하기 쉽다.

동물행동상담사의 역할을 하기 위해서는 동물행동과 관련된 많은 서적과 논문, 그리고 영상물로 제작된 프로그램들을 접해야 하고 전문동물병원, 동물유치원, 반려동물 카페 등의 활동을 통해 다양한 상황(case by case)에 따른 임상 경험을 쌓아야 한다.

이 장에서는 가장 많이 나타나는 개의 '문제성 행동'을 교정하는 방법에 대해 설명하기로 한다. 이하 '문제행동 교정'이라 표현하겠다.

(1) 부적적한 배설

Key word

* 아무데나 소변보기 – 보호자의 집안 환경문제
* 수컷의 마킹 – 성견으로서의 건강한 모습
* 대변을 가리지 못해요 – 충분한 식사 후 용변을 볼 수 있는 곳으로 이동

1) 부적절한 배뇨습성

늑대는 선천적으로 소변을 잘 가린다. 자기의 잠자리에 소변을 보지 않으며 특정한 곳에 가서 배뇨를 한다. 무리를 이루고 있는 늑대는 서열에 따라 배뇨장소도 각각 다른 곳으로 결정 된다.

개도 마찬가지이다. 넓은 정원을 가진 집이라면 배뇨의 문제성이 나타나질 않는다. 개가 원하는 곳에 가서 배뇨를 하고, 보호자 또한 배뇨를 보는 곳이 크게 문제가 없다면 배뇨에 대한 서로의 갈등은 생기지 않기 때문이다.

그러나, 환경을 제한된 공간의 아파트로 옮겨오면 문제가 생겨나는데 이유는 개가 배뇨를 하고 싶은 곳과 보호자가 생각하는 곳이 다를 경우 주인에게 제제 당하게 되는 경우에는 보호자의 입장에서 「부적절」이라는 단어를 생각하게 된다.

그 보다 더 좁은 환경인 학생들이나 초기 직장을 잡은 샐러리맨 등의 원룸으로 환경을 옮겨보자. 잠자리와 식사하는 곳이 같고, 좁은 화장실에 여러 사물들이 많이 놓인 어지러운 공간과 흡수가 되지 않는 타일로 만들어진 욕실의 바닥을 피해서 배뇨장소를 찾는다는 것은 개의 입장에선 매우 난감하다. '정상적인 생리현상을 참다가 아무데나 보게 되고 마는 것' 결국 이것이 부적절한 배뇨 습관을 만들게 되는 것이다.

따라서 반려견에게 배뇨의 즐거움을 주고 같은 생활공간 안에서 보호자와 반려견, 서로가 합의 본 배뇨 장소를 만들어주는 것이 급선무이다. 강아지를 입양하기 전에 미리 인식하고 배뇨 습성을 이용한 배뇨계획을 세워놓아야 한다.

Tip

대부분 동물이 그렇듯이 개들도 마찬가지로 소변이 자기 몸에 묻는 것을 싫어한다. 닦아내기 편한 목욕탕의 타일바닥이나 비닐 장판위에 그냥 소변을 보아준다면 얼마나 좋을까! 그러나 아직 어린 강아지라 할지라도 소변이 자기 발에 묻는 것을 싫어하기 때문에 소변이 잘 흡수되는 장소를 찾을 수밖에 없는 것이다. 방석, 베게, 이불, 카펫, 소파, 발수건 등은 강아지 입장에선 소변을 발에 묻히지 않고 보기 좋은 곳들임에 틀림이 없다.

① 입양 전 배뇨계획을 미리 세우자!

보호자의 비계획적인 충동으로 입양한 경우, 모든 것(울타리와 오픈되지 않은 집 포함)이 준비되지 않은 경우가 부적적한 배뇨습성을 만드는 게 대부분이다. 그러다 보니 배뇨습성의 중요한 첫 번째 기회인 골든타임을 놓치게 된다.

더불어 교정을 위해선 적절하고 꼭 필요한 시간에 꾸준하고 반복적인 훈련이 필요한데 강아지를 홀로 남겨두고 출근해야 하는 직장인에겐 스스로가 잘하는 개를 제외하고는 어려운 일이다.

따라서 입양 전 강아지가 배뇨를 행복하게 할 수 있도록, 시중에서 판매되는 배뇨판을 미리 준비하고 화장실까지로 이어지는 울타리를 쳐주는 것으로 충분하다. 배뇨판은 앞서 말한 강아지의 요구에 부합되게 만들어진 제품으로 교육의 필요성도 없다.

② 시기를 놓쳐 부직질한 배뇨를 하게 된 싱징기의 강아지 경우

울타리, 배뇨판을 준비하자. 과거에는 배뇨판으로 신문지를 준비하였지만 현재는 흡수가 잘되고 냄새도 덜 나는 리필형 배뇨판이 준비되어 있으므로 어렵지 않게 강아지 때의 부적절한 배뇨 습관을 쉽게 교정 할 수 있다. 성장기이기 때문에 열 번 중 한 두 번은 배뇨판이 아닌 다른 곳에 실수 할 수도 있지만 혼내어서는 자칫 정말 큰 배뇨문제를 만들 수 있으므로, 강아지가 보지 않을 때 닦아내고 그 자리에 레몬즙 또는 시판되는 기피제를 뿌려주기를 반복하다보면 성장하면서 실수하는 횟수가 줄어든다. 저절로 없어지는 성장기의 문제로 이해하고 기다려 주어야 한다.

Tip

* 배뇨판과 레몬즙 등 기피제를 이용한다.

③ 성견이 되어서도 부적절한 배뇨를 하는 경우
(수컷의 마킹과 복종적 배뇨와는 구별하여야 한다.)

성견이 되어서도 배뇨를 가리지 못한다는 것은 매우 심각한 일이며, 이로 인해 버려지게 되어 유기견 문제를 가중시키기도 한다. 개와 보호자중 누굴 교정시켜주어야 할까? 저자는 단호하게 말한다. "보호자가 방치하고 잘못 기른 것"이다. 동물행동교정전문가를 찾아야 한다.

이러한 경우 Case by Case로 보호자와 개, 보호자의 생활환경과 성격, 개의 품종, 현재 개의 욕구불만과 복종의지, 현재 밥 주는 방법, 배설과 관계한 현재의 생활환경 등을 보호자(내담자)와의 설문을 통해 분석해야 한다. 쉬운 교정법을 찾기는 어려울 것이다. 개와 보호자 둘 다의 문제이므로 보호자가 그것을 받아들여 환경을 개선하고 행동을 교정할 의지가 없는 경우가 허다하다.

이런 경우는 매우 많으며, 개의 습성을 잘 공부하고 입양하는 사람보다는 충동적 입양을 하는 경우가 더 많기 때문이다. 그렇기 때문에 동물행동상담사가 사회적 더 많이 필요하게 될 수밖에 없는 이유이기도하며, 이러한 문제를 해결해 줌으로써 사회적 존경과 대접(수입)도 따르게 될 것이다.

여러 서적과 이와 같은 경우의 사례를 보면, 서적은 주로 예방적 측면에서만 다루고 이 부분은 슬쩍 지나간다. 체험사례의 경우는 모두에게 해당하는 건 아니므로 권장할 만한 것이 못되는 경우가 많다. 따라서 성견이 되어서도 부적절한 배뇨를 하는 경우는 어느 하나의 교정 프로그램만으론 문제를 해결 할 수 없다. 모든 상황을 고려해 바꿔주어야 한다. 몇 가지의 예를 참고하고, 나머지는 다른 많은 서적을 보고 임상경험을 통해 문제 교정상담의 실력을 높일 수 있도록 독자의 숙제로 남긴다.

④ 수컷의 마킹(Marking)

앞서 성장기 호르몬(sex hormone)의 변화와 성적욕구(sexual desire)에 대하여 설명하였다. 이는 성견의 부적절한 배뇨와는 구분지어 상담하여야 한다. 마킹은 수컷의 성성숙기의 호르몬의 변화에서 설명하였듯이, 습관적이어서 과도한 마킹을 하지 못하도록 관심을 다른 곳으로 돌릴 수 있는 놀이를 같이 해주고, 가벼운 산책으로 운동을 시켜주어야 한다. 산책 시 초크체인(choke chain)을 사용하여 마킹 포인트(marking point)로 가지 못하게 하는 것을 잊어서는 안 된다.

⑤ 복종적 배뇨(submissive urination)

늑대 무리에서 기원한 개는 서열이 높은 우두머리에게 복종의 의미로 배를 하늘로 하고 벌렁 누워 소량의 소변을 내뿜는다. 이는 곧 '나는 당신을 이기지 못해요! 잘 봐 주세요', '당신 맘대로 하세요!'하는 복종의 표현이다.

또, 몸을 낮추어 엎드린 자세로 뒷다리를 질질 끌며 소변을 지리는 경우는 복종보다는 보호자가 무서운 경우이다. 보호자에게 혼난 경험을 생각하고 있다. 다시 말해서 보호자 모르게 혼날 짓을 했다는 것을 알고, 미리 잘못했다고 표현하는 행동이다.

두 경우 모두 자꾸 반복되어서는 그것이 잘하는 행동인 줄 알고 습관이 되므로 대처하여야 한다.

전자는 대충 쓰다듬어 주고, 주위를 다른 곳으로 돌리도록 공을 던져 물어오게 하거나, 못 본체 하고 다른 곳을 응시하거나 한다. 절대, 소변을 보는 데서 닦아주거나 자신한테 복종을 했다 해서 칭찬해주지 말아야한다.

후자의 경우에 보호자는 즉시 시선을 다른 곳으로 돌리고, 대수롭지 않다는 듯 행동해야한다. 오줌을 지린다 해서 못하게 제제를 가하거나 소리를 지르는 등의 반응을 보이면 문제가 해결되는 것이 아니라 더욱 심해지게 된다. 손동작과 몸의 움직임 등의 크기를 작게 하고 두려움을 갖지 않도록 다가가야 하며, 작은 톤의 목소리로 칭찬해주어야 한다. 보호자로서 개에게 자신감을 주는 행동을 하고 칭찬할 만한 놀이거리를 찾아 자신감을 키워줘야 한다. '과거의 잘못은 잊어주겠다.'는 신뢰를 개에게 보여 주어야 한다. 개가 잘못했을 때 큰 동작을 하거나 큰 소리를 지르지 않는다면 곧 없어지므로 보호자가 변화되어야 한다.

Tip

* 부적절한 배뇨는 수컷의 「마킹」과 「복종적 배뇨」와는 다르기 때문에 구분하여 상담해야 한다.
* 배설과 관계한 것은 질병적 요소를 제외하고는 대부분 보호자의 개에대한 습성과 상식 등의 인식부족으로 만들어 지는 것임을 잊지 말자.

2) 부적절한 배변습성

전반적으로 부적절한 배변문제도 배뇨와 같은 이치로 이해하여 교정하면 된다.

이 장에서는 소변과는 다르게, 배설한 대변을 먹어치우는 문제행동과 대변을 숨기려 하는 문제행동에 대해 설명하고자 한다.

① 대변을 먹는 원인

㉠ 대변에 남아 있는 영양소

사실 대변은 모든 영양소가 다 소화되어 나오진 않기 때문에 영양 성분이 많이 남아있다. 그러나 대변을 섭취하는 행동은 바람직하지 못하며, 불쾌감을 주는 주므로 사람이 먹는 것과 같은 음식을 먹이지 말고 사료를 주는 것이 바람직하다.

㉡ 새끼의 대소변을 받아먹는 경우

이것은 적에게 노출되지 않기 위한 본능적이고 자연스러운 행동이다. 또한 용변으로 양육공간을 더럽히지 않으려는 본능적인 깔끔한 행동으로, 새끼가 이유식을 하는 시기가 되면 자연스럽게 없어지므로 걱정할 일이 아니다.

㉢ 영양 불량(malnutrition) 또는 에너지 칼로리의 필요

사람도 몸에서 무엇이 부족하면 어떤 특정한 것이 먹고 싶어진다. 그것을 먹지 못했을 경우는 다른 것을 많이 먹더라도 만족감을 느끼지 못한다.

성장기의 여러분도 그랬을 것이며, 특히 임신을 하고 있는 여성은 더욱 그렇다.

원인은 에너지 칼로리의 부족이 일어났기 때문이다. 거의 모든 동물들은 식사의 양 부족이 아닌 영양의 불량으로 포만감을 갖지 못하고 무언가를 자꾸 먹으려 한다. 먹고 싶은 것(몸에서 원하는 것)을 먹어주어야만 포만감을 느낄 수 있고 질병에도 강해진다.

특히 성장기 강아지라면 집에서 만든 에너지 칼로리가 잘못 계산된 음식보단 평판이 좋은 브랜드의 고급사료를 먹이는 것이 좋다. 견종별, 체중별, 성장기별 전문화된 사료가 있기 때문이다. 그에 따른 프로그램에 맞춰 사료를 주면 영양 불량에 걸리게 될 일은 거의 없다.

㉣ 영양 불균형(nutritional imbalance)

오크통의 법칙을 알면 영양의 불균형에 대해 쉽게 이해할 수 있다. 오크통은 와인 등을 담기 위해 참나무 판을 잘라 액체가 새지 않도록 잇대어 붙여 놓은 통이다.

그림 2-1처럼 '메치오닌'이라고 쓰인 나무판의 길이가 다른 것에 비해 짧다면 그 높이만큼만 와인이 담겨지는 것이다. 다른 영양소가 아무리 많다 해도 어느 것 하나가 부족하면 전체가 부족하게 된다. 개가 다른 동물의 대변을 먹거나 흙을 파서 먹는 이유는 또 다른 영양소인 부족한 미네랄(minerals)과 비타민(vitamins) 섭취를 위한 것이기도 하다. 그런 이유로 육식동물이 풀을 뜯어 먹기도 하며, 초식동물이 소량의 육식을 하게 되기도 한다.

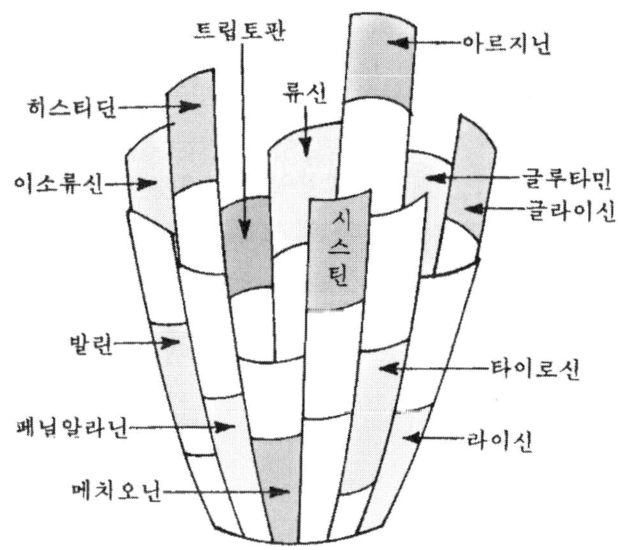

그림 2-1. 아미노산과 오크통의 원리]

동물의 세포는 매일 많은 수가 죽고 다시 만들어 진다. 개가 성장과 생명 유지에 필요한 체내 단백질합성을 위한 각종의 아미노산을 오크통 모양으로 배열하였다. 메치오닌의 오크 판 높이가 낮게 그려져 있다. 체내에서는 유전 정보에 의해 필요한 단백질을 만들라고 지시한다. 그러나 위의 그림 2-1과 같이 메치오닌의 높이가 현저히 낮다면, 히스티딘, 아르기닌, 시스틴 등 다른 아미노산이 많더라도 어느 하나가 부족하면 필요한 단백질을 만들지 못한다.

말하자면, 시멘트는 많은데 모래는 없고, 모래와 시멘트가 많아도 벽돌이 없으면 집을 짓지 못하는 것과 같다.

영양의 불균형은 하나만 부족하여도 이와 같이 전체적 영양의 결핍으로 나타나기 때문에, 영양보충을 위해 자기 것은 물론 다른 동물의 대변을 먹기도 하므로 영양의 균형을 잘 맞춰 주어야 한다. 대부분의 사료는 영양의 균형이 잘 맞춰져 있지만, 유통기한이 넘거나 유통기한이 지나지 않았더라도 공기 중에 방치된 사료는 영양소가 파괴되어 영양불균형을 초래할 수 있다.

집에서 만들어주는 직접 만들어주는 사료는 어느 상업적인 사료보다 우수하나, 영양과 칼로리 계산을 잘 못하게 되면, 상업적으로 제조된 사료보다 영양불균형이 되기 쉬우니 각별히 유의하고, 전문동물병원에서 정기적인 건강진단을 받도록 상담해주어야 한다.

㉤ 단순 배고픔

가정에서 길러지는 개들은 배가 고프더라도 자신의 대변을 먹지 않으나, 어떤 이유로 한번 맛본 개들은 자기의 대변을 먹는 경우가 나타나며, 밖을 돌아다니는 배고픈 개들은 다른 개가 배설해 놓은 대변을 잘 먹는다.

따라서 사랑스러운 반려견을 배고프게 만들지 말아야 한다. 영양의 균형이 잘 맞추어 진 소화가 잘되는 식사를 제공하고 당분간 밖에 돌아다니지 못하게 묶어두면 자연스럽게 교정된다.

② 대변을 숨기려하는 원인

㉠ 야생의 습성

야생에서 자신의 영역표시, 자신을 적에게 노출시키지 않는 행동 또는 서열에서 오는 행동으로 문제되는 행동이라 말할 수 없다. 특히 고양이는 대변을 잘 파묻기에 가정에서 반려동물로 기를 때 큰 장점이 된다.

그러나 가정에서 배변판위의 대변을 애써 감추려하는 모습은 그리 바람직해 보이지 않기 때문에 그런 경우에는 배변장소를 상자 등을 이용하여 약간 어둡게 가려준다.

㉡ 배변을 하다 주인에게 혼난 과거의 기억

배변 때문에 주인에게 혼난 경험이 있다면 대변을 숨기려 한다. 대변 배설과 관련해서 주인에게 심한 야단을 맞은 적이 분명히 있을 것이다. 우선 배변을 안정적으로 볼 수 있게 해야 한다. 노출된 공간에서 보호자나 다른 가족이 지켜보며 배변을 시키지 말고 혼자 편하게 할 수 있는 목욕탕이나 사용하지 않는 방에 배변판을 갖다 놓고 배변을 시킨다. 대변을 숨기려는 행동을 다시 해도 결코 반응하지 말아야 하고, 다른 쪽으로 관심을 유도하여 공놀이 등 반려견이 좋아하는 놀이를 해준다. 자신감을 찾을 수 있도록 칭찬을 많이 해줄 수 있는 놀이를 하도록 한다.

이런 문제의 대부분은 보호자의 목소리가 높아 발생하는 경우이므로 동물행동 상담사는 내담자와 반려견이 함께 문제행동을 교정 받도록 해야 한다.

(2) 복종하지 않는 개

Key word

* 같이 먹는다.
* 개부터 챙겨 준다.
* 같이 잔다.
* 서열을 알려주어야 한다.
* 목줄을 이용하여야 한다.
* 배 뒤집기 복종 훈련

복종이란 무엇을 의미하는 것일까? 개는 서열의 동물이므로 주인을 리더로 인정할 때만 복종을 표한다. 「앉아」, 「기다려」는 할 줄 아나 「이리 와」하면 오지 않는 경우는 주인에게 복종 의사가 없다는 것이다. 이런 경우는 보호자가 리더로서 개를 상대하지 못한 것이다. 보호자에게 복종하지 않는 경우를 들어보면 다음과 같다.

개와 같은 식탁을 사용하고, 먹을 것을 개부터 챙겨주며, 같이 침대에서 끌어안고 자고, 개를 배 위에 올려놓고 있거나, 입과 턱에 뽀뽀를 하는 경우인데 이런 경우 어떤 개들은 자신의 서열이 높다 생각하여, 같이 잘 놀고 발랄하기는 하나 보호자의 말을 듣지 않고 자기하고 싶은 대로 하게 되는 경우가 발생한다.

그 밖의 경우로는, 너무 혼자 오래두었을 경우, 기본교육을 할 수 있는 골든 타임을 놓쳤을 경우, 개에 대한 커뮤니케이션 상식부족, 보호자로서 역할을 하지 못했다고 개가 판단했을 때 등이 있다.

위의 사례들로 보면 보호자가 개의 습성에 관한 상식을 공부하지 않았기 때문에 나타나는 행동으로 복종훈련을 위해서는 동물행동상담사는 첫 번째로 보호자를 교육시키는 데 더 비중을 두어야 한다. 복종이라는 것은 어제까진 하지 않았어도, 서열을 분명히 알게 하고 신뢰를 주면 바로 그 순간부터 복종하게 된다.

두 번째로는 복종시키는데 물리적으로 필요한 것은 올가미형 목걸이인 초크체인이다. 보호자에게 완벽한 복종을 할 때까지 「앉아」, 「기다려」, 「먹지 마」, 「이리 와」, 「누워」의 기본 교육을 하고 초크체인을 착용한 산책을 일부러 해야 한다. 초크체인은 큰 무리 없이 개의 목에 물리적 힘을 가한다.

초크체인의 기능은 목을 가볍게 조르는 것인데, 야생 늑대들이나 엄마개가 새끼의 잘못을 크게 꾸짖을 때 목을 물어 복종시키는 원리와 같다고 이해하면 된다.

TiP

* 훈련 교정 중에 알고 나면 가장 쉬운 것이 복종훈련이다.

(3) 아무 때나 자주 짖는 개

Key word

* 원인 파악
* 불안감 해소 - 은신할 수 있는 집을 만들어 주기
* 개의 언어
* 습관적 욕구불만의 표출
* 주인의 잘못된 감싸주기 사랑

짖는 것은 개의 언어 전달이다. 무엇을 어떻게 하라고 사람에게 알리고 있는데 사람이 알아듣지 못해 문제점을 해결할 방법도 찾지 못한다. 혼자 있을 때 짖는 경우와 타인에게 심하게 짖는 경우, 그리고 자기를 방어하기위해서 짖는 경우, 개가 짖는 원인은 상황에 따라 각각 다르다.

1) 여러분의 상황을 먼저 파악해 보자.

① 개를 끌어안고 사시나요? - 사랑독차지
② 집에만 있고 잘 놀아주질 않나요?
③ 집에 다른 반려 동물이 있나요? 그들의 사이는 좋은 가요? 나쁜가요?
④ 주인은 혼만 내고 나머지 사람이 감싸 안아주는지? 아니면 반대이지만 주인이 너무 감싸서 나타나는 행동인지?

2) 개의 마음에서 상황을 헤아려 보자.

① 주인의 사랑을 독차지할거야!
② 주인을 지켜주어야지!
③ 이 집에서 서열이 내가 최고군!
④ 외롭고 심심해 죽겠어!
⑤ 난 소리에 원래 예민해. 궁금해서 짖어 봐야겠어!
⑥ 난 너무 노출돼 있어 무서워 다가오지 마!

3) 여러 가지 해결 방법

① 짖을 때마다 코에 레몬즙 스프레이하기
② 목줄(초크 체인)을 걸어 짖을 때마다 위로 당기기
③ 주인만 좋아해서 그런 경우라면, 눈물을 머금고 섭섭하게 하기, 그 후 다른 가족이 달래주기
④ 물리적인 방법으로 자동반응 목줄, 스프레이, 전기 쇼크장치 등 시중에 판매하는 짖음 방지기 이용하기
⑤ 전문동물병원에서 처방을 받아 항스트레스제 투약
⑥ 개하고의 기 싸움에 자신 있다면 한 번 따끔하게 혼내주기
⑦ 올바른 개를 만들기 위해 주인의 체벌은 필수
⑧ 성대 수술? 아주 심각하게 고려해야 한다. 이웃에게는 피해를 주지 않으나 실내에서 쌕쌕거리는 소리를 듣노라면 다시 돌려놓을 수 없는 상황에 자괴감에 빠질 수 있다. 그다지 추천하지 않는다.

(4) 아무거나 물어뜯는 악동?

Key word

* 이갈이
* 지루함
* 욕구불만의 표출
* 개선이 되지 않을 땐 영양불균형 의심, 건강진단 필요

개는 성장을 하면서 이것저것을 물어보고 판단을 한다. 개의 입은 사람에게 손과 같은 역할을 하므로 당연한 일이라 할 수 있다. 물어뜯기는 생후 2주, 이빨이 나는 시기부터 시작되며 생후 약 60일 안에 젖을 빨다 세게 깨물어 어미에게 제제를 당하게 된다. 이때는 서서히 젖을 뗄 시기이기도 하다.

모유를 먹었던 강아지들은 물어뜯어 보려던 행동을 제제 당한 것을 기억한다.
생후 4개월부터 이갈이가 시작되어 이갈이가 끝나는 9개월 까지 (대, 소형견의 차이가 있음) 한동안 이것저것을 씹거나 물어뜯게 된다. 유치가 빠지고 영구치가 나기 위해서는 물어뜯기를 통해 이를 갈아야하는 것이다. 그렇지 못한 경우 송곳니 등에 덧니가 나

고 충치로 이어져서 병원을 찾아야 한다.

이 시기엔 아무거나 물어뜯는데 방치하여서는 안 된다. 식탁 다리, 가구 모서리, 아버지의 정장 구두, 엄마의 비싼 하이힐, 자녀들의 유명 메이커 운동화도 그렇고 방문한 손님의 신발까지 물어뜯어 놓는 경우엔 그 난감함을 이루 말 할 수 없다.

이런 경우 문제 해결방법은 의외로 간단하다. 신발을 모두 신발장에 넣는 것이다. 그것을 게을리 하는 것은 보호자의 문제라 하겠다. 이 시기가 지나면 같은 문제가 반복되지 않는다. 그 기간 동안은 부지런히 신발장을 이용해야 한다.

식탁 다리와 가구 모서리를 망치는 것도 비교적 간단한 방법으로 해결할 수 있다. 개가 물어뜯고 놀 수 있는 장난감을 주는 것이다. 시판되는 사료 중에는 이를 고려하여 씹는 재미를 주는 사료가 있다. 견종에 따라 사료의 형태를 다르게 만들어 놓은 사료를 이용하는 것도 효과적이다. 금방 삼킬 수 없는 쫀득한 개 껌은 집에 혼자 남겨진 개의 무료함을 달래줄 수 있다.

(5) 사람을 무는 못된 개

Key word

* 불안감 표출
* 공포
* 선천적 공격성
* 후천적 공격성
* 서열에 관계된 공격성

반려견이 사람을 무는 것은 아주 심각한 문제행동이다. 마스티프(mastiff) 계열의 선천적 공격성을 갖는 개들은 특수한 경우가 아니라면 가정에선 기르지 않는 것이 좋다고 조언한다.

개의 조상이 늑대이기는 하나 1만여년 동안 가축화 되어있다. 가축화란? 사람과 함께 생활하고 사람에게 의지하며 순종하고 사람을 해치지 않아야 한다. 이러한 의미해서 사람을 문다는 것은 특수 호신견, 경계견으로서는 훌륭하지만, 일반 가정에서 반려 동물로서는 존재 가치가 없다고 말할 수 있다. 특히 이들이 무리를 이룬다면 사람 목숨과 관련해 끔직한 일들이 발생할 것이며 실제로 많이 발생했었기 때문이다.

사람을 무는 행동은 어느 정도는 제제와 반복적 훈련으로 완화될 수는 있으나 그 본성이 바뀌지는 않기 때문에 항상 불안요소를 갖고 있는 것이다. 그러므로 '왜 사람을 무는 것인지?'공격성의 원인을 분석해 보아야 한다.

가정견의 대부분은 강아지일 때 사람에 대한 공포를 기억하는 개에게서 많이 나타난다. 어린아이가 있는 가정이라면 강아지는 어린아이들을 더 무서워한다. 어린아이들은 강아지에 대한 애정표현과 행동이 거침없기 때문이다. 강아지 위에 앉기, 격하게 끌어안기, 마음에 들지 않으면 때리기, 던져 버리기, 발로 차기 등 강아지에게 어린아이들은 두려움의 대상이다.

이런 두려움은 순화가 잘 된 개에게 후천적 공격성을 갖게 하는 이유가 된다. 이런 경우엔 어린아이와 격리하여 기르는 것이 가장 좋은 방법으로 그렇게 하면 공격성은 사라지게 될 것이다.

다음은 사회성 부족으로, 다수의 사람에게 갖는 불안감과 공포심이 원인이며 자기를 방어하는 수단으로 사람을 무는 경우다. 어릴 적부터 산책 등을 통해 많은 사람을 만나게 하고 다른 개와도 어울리게 하면 미연에 방지 할 수 있다. 집안 식구가 적은 가정에서 기르는 개에게서 많이 나타나는 행동이다.

또한 개는 서열을 지키는 동물이므로 가정에서 개를 너무 우대해주면 우점에 대한 공격성을 나타내므로 주의해야 한다.

(6) 외출하면 집안을 어지르는 말썽꾸러기

Key word

* 관심유발 –무관심 대우
* 분리불안 – 심각한 경우네요!

외출을 하고 집에 돌아와 보면 온통 집안을 어질러 놓은 말썽꾸러기 개를 「문제행동」 또는 「분리불안」이라 함부로 규정하지 말아야한다. 여러분이 어렸을 때를 생각해 보자! 또는 여러분의 아이를 생각해보자! 그저 혼자서 잘 놀고 있었던 것이다.

첫째, 어지를 만한 물건들은 닿지 않는 곳에 잘 치워두어야 한다.
개를 믿고 물건들을 방치한 보호자의 행동이 문제행동이 아닐까 싶다.

둘째, 외출 시에 개를 집안에 풀어 놓지 말고 실내용 울타리 안에 넣어 둔다. 울타리 안에는 어두운 작은 집(반려견을 기르기 위한 필수- 여러 가지 문제행동을 예방할 수 있다)을 만들어 준다.

셋째, 개가 좋아하는 장난감들(시중에서 판매)과 주인의 체취가 담긴 헌옷가지, 쓰지 않는 방석이나 베게 하나를 투자하면 막을 수 있다. 집안을 어지르는 것은 성장기 땐 당연한 것이므로 꾸짖거나 반응을 보여서는 안 된다. 그만큼 당신의 개가 건강하다는 증거이기도하다.
그러나 성견이 되어서도 집안을 어지럽히는 행동을 하는 것은 문제이다.
외출 시 당신은 닿을만한 물건들은 정리 정돈을 잘하여야 한다. 역시 보호자의 문제가 더 크다. 성장한 개는 이미 사람의 감정을 다 알고 있으므로, 주로 타깃(target)이 되는 물건을 들고 심하게 꾸짖는 방법도 매우 유용할 것이다. 중요한 것은 한 번에 하나씩 정확하게 알아듣게 하여야 한다. 전문가의 조언을 충분하게 이해하고 난 후에 말이다. 자칫하면 역효과가 나 생각지 못한 다른 문제행동을 야기 시킬 수 있다.

(7) 밥을 잘 먹지 않는 개

Key word

* 질병적인 요소
* 제한급이 & 무제한급이
* 사료에 고기 통조림 비벼주기
* 간식 제공의 폐해

여러분의 사랑스러운 반려견이 밥을 잘 먹지 않는다면 애간장이 탈 것이다. 일단 감기, 소화기, 구강의 염증 등의 질병적요소가 있는지 병원을 찾아야 한다.
이상이 없다고 진단을 받았다면 다음과 같은 사항을 체크해야 한다. 사료 관리를 잘못하여 고소한 냄새가 나지 않고 신 냄새가 나진 않는가? 유통기한이 지나지 않았다 해도 공기를 차단하지 않고 열어 놓으면 빨리 산화되기 때문이다.

개의 식탐성에 따라, 또는 비만관리의 목적에 따라 먹은 만큼의 사료를 다시 채워주는 무제한급이 방법과 하루에 먹을 사료의 양을 정해 놓고 2~3번에 나누어 주는 제한급이가 있다. 비만하지 않고 식탐이 많은 개는 주로 무제한급이 하여 효과를 본다.

처음에는 많이 먹는듯하지만 며칠이내 적정한 양으로 돌아온다. 밥을 언제든 먹을 수 있기 때문에 욕심을 부리지 않는 것이다.

먹는 것 자체를 즐기는 비만견의 경우는 무제한급이를 해서는 안 된다. 하루의 칼로리(calorie)를 계산하여 하루에 먹을 양을 몇 번에 걸쳐 나눠 주어야 비만을 관리 할 수 있다.

질병이나 사료가 상한 이유가 아닌데 밥을 잘 먹지 않는다면, 이틀 정도 물만 주고 밥을 주지 않으면 대부분 잘 먹게 된다. 하지만 다시 며칠 못가서 사료를 잘 먹지 않는 경우가 있는데 다음과 같은 이유 때문이다.(보호자가 맘고생을 자초하는 방법이라 해도 무방하겠다.)

첫째, 먹지 않은 밥그릇을 그대로 둔 채 개가 좋아하는 간식을 자주 준다.
둘째, 남은 사료에 맛있는 고기 통조림을 비벼 준다.
셋째, 사람이 먹는 양념이 된 맛있는 음식을 준다.

위의 세 가지를 지키고 있다면 여러분의 사랑스러운 반려견은 꾸준히 밥을 잘 먹지 않아 줄 것이다.

그 밖의 경우는 어렸을 때 잘못 길들여진 식습관인데, 강아지를 너무 예뻐해 식탁에서 끌어안고 밥을 먹여 주는 일이다. 이렇게 길들여지면 성견이 되어도 그렇게 해주지 않으면 먹지 않는다. 이런 경우는 며칠을 굶겨도 소용이 없다.

주인의 사랑을 다른 방식으로 표현해 주면, 개도 사랑 받는 방법을 바꿔 점차 습관이 개선되고 문제를 해결 할 수 있다. 방법으로는 매일 정기적으로 산책을 통한 운동을 해준 후, 항상 신선한 물을 먼저 공급해 주고, 20~30분이 지나 안정 상태가 되면, 소량의 사료를 꺼내어 밥그릇에 담아준다. 만약 밥을 먹지 않는다면, 밥그릇을 바로 치워야 한다. 보호자의 마음이 아프겠지만 질병이 아니므로 눈물을 머금고 참아야 한다. 보호자가 반려견에게 매번 져서 만든 문제행동이기 때문이다. 다음 날 다시 산책과 적당한 운동을 시킨 후 다시 반복하면, 밥을 스스로 먹게 된다.

Tip

* 식사가 끝나면 남긴 밥이 있더라도 바로 치우자
* 외부로 산책 등, 충분한 운동을 시켜주어야 한다.
* 반려동물 전문 shop이나 병원에서 다양한 사료 샘플(sample)을 얻어 반려견과 입맛을 맞추어 보자.
* 사람이 먹는 양념된 음식과 간식을 주지 않는다.

(8) 밖을 함부로 나가 돌아다니는 개

Key word

* 목줄 매기
* 주위 암캐의 발정
* 목줄 매고 같이 산책하기
* 행동 영역 알려주기

가출하는 개? 밖에 나가서 돌아오지 않는 것은 아니다. 먹는 것과 잠은 집에 돌아와 자는데 단지 밖을 나돌아 다니는 것이다. 이러한 경우에는 몇 가지가 있다.

주위 암캐가 발정이 왔다면 건강한 수캐는 당연히 짝을 이루려는 욕구로 밖으로 나갈 것이다. 수캐는 3km 밖의 암캐의 냄새를 맡을 수 있다고 한다. 간단한 해결 방법은 묶어 놓아야 한다. 어떤 보호자들은 거세(중성화 수술)를 시켜 해결하기도 하지만, 다른 이유로 집 밖을 나가는 개에게는 해결방법이 되지 못한다.

수캐들의 돌아다니는 또 다른 이유는 영역을 표시하는 마킹(marking)을 하기 위해서이며 때론 단순히 밖이 궁금하고 좋아서 다니기도 한다. 암캐 역시 집안보다는 바깥에 재미를 느껴 돌아다니는 놀이를 하고 있는 것이다. 이런 경우는 시간대를 정해 목줄을 매고 같이 산책해 주기를 반복하면 주인과 같이 나가기 위해 집안에서 기다리게 된다.

개가 혼자 밖을 돌아다닌다는 것은 주인이 개를 풀어 놓고 기른다는 것인데 엄연한 불법이다. 묶거나 가둬서 길러야 한다. 최근에는 한적한 시골마을에서도 개를 풀어 놓고 기르지 못하므로 유의하여야 한다.

(9) 목욕을 하지 않으려는 개

Key word

* 목욕실의 안정된 분위기 조성
* 따뜻한 적정 온도의 물 - 갑작스런 찬물에 대한 과거 기억
* 눈이 맵지 않은 비누선택 - 과거 기억
* 목욕의 순서 지키기 - 발(다리) → 몸 → 머리

선천적으로 물을 좋아하는 개와 싫어하는 개가 있다. 예를 들면 코카스파니엘 등의 세터(setter)는 물을 좋아하고, 진돗개는 발에 물이 닿는 것조차 싫어해서 빗물조차 피해 다닌다. 세터들은 물에 들어가기를 좋아해 오리나 기러기 사냥에 이용되어 왔다. 물을 좋아하지 않는 진돗개들은 들과 산에서 주로 멧돼지를 사냥하는데 이용되었다.

그러나 진돗개들도 따뜻한 적정 온도의 물로 목욕을 시켜준다면, 처음에는 겁을 먹지만 금방 한숨을 뱉어내며 마음과 근육의 긴장을 풀고 안정된다. 펫(pet) 미용실에 맡겨진 개들이 저항하지 않고 목욕을 잘 마치는 것은 펫 미용사들의 이러한 실질적인 지식과 경험 때문이다.

목욕이 처음이거나 잘 하려하지 않는 개의 목욕 순서는 발과 몸, 머리 순으로 얼굴을 맨 마지막에 씻기며, 귀에 물이 들어가지 않도록 수건 등으로 미리 감싸주어야 한다. 귀에 물이 들어가는 것은 질병을 유발하기도 하고 개가 가장 싫어하는 것 중의 하나이기 때문이다. 또한 얼굴은 씻겨주는 것보다는 물수건으로 닦아내 주어야 하며, 눈이 맵지 않은 비누의 선택은 필수이다.

몸에 비누 거품을 낸 후 마사지하듯 편하게 해주어야 하며, 겨울철엔 실내온도가 떨어지지 않도록 해야 목욕 후 감기에 걸리는 것을 예방할 수 있다. 몇 번 편하게 목욕하다보면 이러한 순서를 지키지 않아도 개는 안정되게 목욕을 하며, 나아가 목욕을 즐기는 개가 되기도 한다.

4. 반려견의 기본교육

Key word

교육(education, 教育)과 훈련(training, 訓練)의 차이

반려동물과 가정에서 함께 살기 위해서는 기본교육이 필요하다. 동물행동상담학에 있어서는 과거에 훈련과 교육이 혼용 사용되었던 교육을 훈련이라는 용어와 달리 사용해야할 필요성이 있다.

훈련은 기본적으로 마약탐지견, 군견, 경호견, 구조견, 사냥견, 사냥도우미견, 맹인안내견 등, 특수훈련이 필요한 진정한 트레이닝(training)으로서의 훈련과 서커스, 애견 핸들러와 같이 쇼(show)를 보여주기 위한 조련의 의미를 포함하고 있기 때문이다. 조련 또한 훈련과 같은 의미이지만 조련에는 동물학대적인 부분이 포함되어있어 부정적인 면이 강하다. 그리고 현재 훈련이라는 의미에서도 훈련을 위한 동물학대가 문제가 되어 특히 가정견을 훈련시킨다는 의미에서 빨리 벗어나야한다.

가정견은 반려동물로서 교육되어져야하며, 교육이란 "지식과 기술 따위를 가르치며 인격을 길러 주는 것."으로 정의 되어있기 때문이다.

따라서 동물행동상담사는 근본적으로 교육과정을 거쳐 상담하는 상담사여야 하므로 훈련사와는 구분되어야하며, 앉아!, 기다려! 등의 기초교육과 문제성행동의 교정교육 등으로 표현되어야한다.

또한 훈련의 또 다른 정의는 "훈련을 중단하면 점차 소멸되어 제자리도 돌아가는 것."이지만, 교육은 인지(cognition, 認知)를 통해 발전해 간다.

반려견의 교육은 「앉아!」, 「기다려!」, 「먹어!」, 「먹지 마!」, 「조용히! 또는 얌전히!」가 기본이다. 나머지 응용교육은 놀이를 통하여 이루어지며, 언어소통이 가정마다 다르게 나타날 수 있다.

Key word

목적 달성의 보상으로서 칭찬과 간식

기본교육 훈련에 앞서 보호자는 두 가지 중 하나를 먼저 선택해야 반려견에게 혼란을 주지 않고 교육효과를 빠른 시간에 볼 수 있다.

첫째. 간식을 준비하여 교육 목적을 달성했을 때 간식과 함께 칭찬 해주기.

둘째. 간식을 주지 않고 칭찬만 해주기.

첫 번째는 먹을 것과 교감이라는 두 가지 조건반사적 요인을 가지고 교육시키는 것으로 효과가 비교적 빠르게 나타나는 장점을 가지고 있다. 그러나 계속된 간식은 주식을 거부하는 문제와 비만을 유도하기도 하며, 보상을 바라는 마음을 키우는 단점도 함께 가지고 있다.

두 번째 방법은 첫 번째와 같은 단점은 없으나, 목적달성이 바로 나타나지 않을 수 있다. 보호자와 반려견의 교감을 이루는 것이 무엇보다 중요하다.

명령어

명령어는 세자를 벗어나지 않는 범위에서 단호하게 소리 낸다.

명령어를 리더로서 단호하게 하지 못한다면 교육을 받는 반려견은 따르지 않는다. 반려견 교육이 안 되는 것이 아니라 보호자가 교육하지 못한다는 것을 염두에 두어 동물행동상담사는 보호자 교육시켜야 한다.

칭찬

칭찬은 소리로는「잘했어」이며, 칭찬에 대한 보상은 머리를 쓰다듬어 주거나, 간식을 준다.

(1) 이리와!

모든 소통의 기본이 되는 소리는 "이리와"이다.

"이리와"는 반려견의 눈을 바로 쳐다보며, 밝은 표정으로 손뼉을 쳐서 주의를 집중시킨 후 "이리와"하며 안아주는 동작을 함께한다. 반려견의 눈높이에 맞추기 위해서 보호자가 먼저 낮은 자세로 앉으며"이리와!"라고 소리 낸다.

반려견 처음 입양 시 손뼉을 쳐서 "이리와!" 라고 했을 때 잘 따라오는 강아지가 보호자와 반려할 수 있는 마음을 가진 개이므로 반려견 선택방법의 기본이 되기도 한다. 이러한 개는 앞으로 진행될 기본 교육이 비교적 쉽게 가능하다. 그렇지 못한 개의 경우에는 앞으로의 교육이 어렵기 때문에 제고하여야 한다.

명령어는 "이리와"이다.

① 손뼉을 치며 자세를 낮추며 "이리와" 라고 소리 낸다.
② 다가오면 안아주거나 "잘했어"라고 칭찬한다.
③ 보상으로 함께 놀아준다.
④ 다시 멀리 떨어져 "이리와"와 칭찬, 놀아주기를 반복한다.

반려견으로 선택할 강아지나 성견이 위와 같은 방법으로 잘 오지 않을 경우에는 작은 간식을 주어서 먼저 마음을 열 개해야한다. 마음이 열린 개는 위와 같은 방법으로 "이리와!" 명령에 즐거움으로 따르게 된다.

(2) 앉아!

모든 기본교육의 첫 단계는 "앉아"이다.

앉는다는 것은 "기다려"로 이어지며, 동작을 멈추고 얌전한 상태로 다음 교육을 하기 위한 가장 기본이 되는 교육이며, 보호자인 리더에 대한 복종교육이기도 하다.

명령어는 "앉아"이다.

① 손으로 엉덩이를 눌러 앉게 한다.
② "앉아"를 3번 반복하여 소리 낸다.
③ 반항하지 않는 것이 확인되면 칭찬한다.
④ "잘했어!"라고 칭찬한다.
⑤ 보상으로 머리를 쓰다듬어 주거나 작은 조각의 간식을 준다.

위의 방법이 잘 통하지 않는 반려견의 경우는 초크체인을 목에 걸어 위로 올려주면서 다른 손으로는 엉덩이를 누르며 "앉아!"명령을 내린다. 앉게 되면, 위와 같은 방법으로 칭찬과 보상을 반복한다.

위의 방법도 통하지 않는 경우에는 반려견이 지루해서 앉을 때까지 보호자는 무관심하게 다른 곳을 바라보며 기다린다. 이때 보호자의 명령권 밖에 나가지 못하도록 초크체인을 목에 걸고 있어야 한다. 반려견이 지루해지면 자연히 앉게 된다. 반려견과의 기싸움이 진행되기 때문에 보호자는 먼저 포기해서는 안 된다. 무조건 안게 되므로 기다리면 된다. 반려견이 앉게 되면, 칭찬과 보상을 반복한다.

(2) 기다려!

모든 기본교육의 첫 단계인 "앉아"를 하게 되면 나머지 교육은 의외로 쉬어진다.

그 이유는 칭찬과 보상으로 리더가 원하는 것을 알았기 때문이다.

명령어는 "기다려!"이다.

① 한손을 들어 손바닥을 곧게 펴서 코에 대고 "기다려!"라고 소리 낸다.
② 보호자는 한 발짝 앞으로 나가 손을 들어 "기다려"하고 다시 명령을 내렸을 때, 앉아 있으면 "기다려"를 이해한 것이다.
③ 따라오지 않으면 "잘했어"라고 칭찬한다.
④ 보상으로 머리를 쓰다듬어 주거나 작은 조각의 간식을 준다.
⑤ 다시 두 발짝, 세 발짝을 반복하여 점점 멀어지며, "기다려!" 교육을 반복한다.

"기다려!"교육의 주의 사항은 30분을 초과하지 않는 범위 내에서 실시하며 여러 날을 반복하여야 한다. "기다려"동작을 시키기 전에 항상 "앉아"를 시켜야함을 잊지 말자.

(3) 엎드려!

조금 더 강한 복종과 장시간의 "앉아"와 "기다려"를 하기위한 수단으로 "엎드려"라는 교육을 시켜야한다.

명령어는 "엎드려!"이다.

① "앉아!" 동작을 먼저 시킨다.
② 한 손으로는 앞 양다리를 앞으로 잡아 빼며, 또 다른 한손으로 등을 지그시 눌러주며, "엎드려!" 라고 소리 낸다.
③ 엎드리면 "잘했어"라고 칭찬한다.
④ 보상으로 머리를 쓰다듬어 주거나 작은 조각의 간식을 준다.
⑤ 이때, 먼저 익숙해진 "기다려" 명령도 같이하여 기다리는 동안 시간차를 갖는다.
⑥ "이리와" 명령으로 자연스럽게 일어나 보호자에게 다가오도록 한다.
⑦ 다시 앉아-엎드려-기다려 동작을 반복하여 교육한다.

소형견은 "엎드려" 동작이 반복적으로 빠르게 할 수 있지만, 「그레이트 덴」과 같은 대형견의 경우에서는"엎드려"를 빠른 시간에 반복적으로 시키면 관절에 무리가 오므로 주의해야한다.

(4) 누워!

엎드린 개는 "누워"라는 동작을 하기 쉽다. 여러 날의 엎드려 동작을 잘 해내었을 경우, 보호자에 대한 복종의 자세를 가르쳐 주어야 하는데 그것이 "누워"이다.

한 손으로는 머리를 밀며, 또 다른 한 손으로는 등을 바닥으로 지그시 눌러 눕는 동작을 가르쳐 준다. 눕게 되면, 칭찬과 보상을 해주고 배를 쓰다듬어 주면, 눕는 동작을 좋아하게 된다.

명령어는 "누워!"이다.

① "앉아!" 동작을 먼저 시킨다.
② "엎드려!" 동작을 시킨다.
③ 엎드리면 "잘했어"라고 칭찬한다.
④ 보상으로 머리를 쓰다듬어 주거나 작은 조각의 간식을 준다.
⑤ 한 손으로는 머리를 밀며, 또 다른 한 손으로는 등을 바닥으로 지그시 눌러 눕힌다.
⑥ 이 때, 반항하며 일어날 수 있으므로, 처음에 일어나지 못하도록 몸을 숙여 양손으로 일어나지 못하게 하며, 시간을 가지고 마음이 안정되게 해야 한다.
⑦ "누워!"를 소리 내어 반복하고 "잘했어"라고 칭찬하며, 배를 쓰다듬어 준다.

반려견이 겁을 먹어 양손을 뿌리치고 억지로 일어나게 되면 누워 동작을 당분간 시키기 어려우며, 근육과 관절에 손상을 줄 수 있으므로 전문가의 동작을 먼저 연습한 후에 교육 시켜야 한다.

(5) 먹지 마! / 먹어!

"기다려"와 "먹지 마", "먹어"는 대기하는 동작으로서는 같지만 목적에 대한 의미는 분명히 다르므로 음식을 앞에 두고 기다리는 교육인 "먹지 마!"와 "먹어" 동작을 교육 시켜야한다.

먹는 식탐에 먹을 것을 보고 타인에게 쫓아가며, 어린아이의 손에 든 음식을 낚아채며, 먹을 것을 달라고 사람의 다리에 올라타는 등의 행동을 미연에 방지해야 올바른 반려견 교육이 된다.

명령어는 "먹지 마!"와 "먹어!"이다.

① 사료를 지정된 밥그릇에 담아 가지고 간다.
② "기다려"와 같은 명령 동작으로 기다리게 한다.
③ 음식에 입을 대지 않으면 간식은 주지 않고 칭찬만 해준다.
⑤ 음식에 입을 대는 경우에는 "먹지 마!"를 소리 내어 반복하고, "기다려!"와 "먹지 마"를 반복한다. 기다리게 되면 "먹어!"하며 먹게 한다.
⑥ 또한, 한 발짝 물러섰을 때 밥그릇에 입을 대려하면 "기다려"를 시킨 후 "먹지 마"와 "기다려!"를 반복한다.
⑦ 먹지 않고 기다리면 성공한 것이다.
⑧ 칭찬하며, 밥그릇을 가깝게 밀어주며 "먹어!"라고 소리 낸다.
⑨ 먹기 시작하면"잘했어!"라는 소리로 칭찬한다.

"기다려!"와 "먹지 마!"를 무시하고 밥그릇에 입을 대면 재빨리 밥그릇을 들어 올려 단호하게 "안 돼!"라고 외친다.

(6) 조용히! / 짖지 마! / 쉿! / 안 돼!

위의 용어들은 제제를 가하는 명령어이다.

정면으로 개의 눈을 쳐다보며,"기다려"손동작을 어깨 높이 이상으로 들어 올려 단호하고 보다 높은 톤의 소리로 명령을 내려야 한다.

제제를 가하기 위해"안 돼!"를 외치고, 상황에 따라 "조용히!"와 "짖지 마!"를 선택하여 사용한다.

"짖지 마!"는 경계는 하되 짖지만 말라는 뜻이며, "조용히!"는"경계를 풀고 몸동작도 함께 얌전히 "기다려"라는 뜻으로 상황에 따라 구분하여 사용하면 세부적인 교육이 이루어진다.

"쉿!"은 긴 명령어를 내리는 동안 상황이 빠르게 진행되어 이미 제제를 넘어섰을 때가 생기게 된다. 따라서 미리 감안하여 조용히, "짖지 마", "안 돼"의 제제 명령어들과 틈틈이 사용하여 교육 시켜두면 위급 시 매우 효과적이다.

명령어는 "안 돼!"이다.

① 한 손을 들어 손바닥을 개의 시선에 위치시키며, "안 돼!" 소리 낸다.
② 제제의 목적이 달성 될 때까지 손동작과 더불어 "안 돼!"를 외친다.
③ 제제가 되면"잘했어!"라고 칭찬한다.
④ 보상으로 머리를 쓰다듬어 주거나 작은 조각의 간식을 준다.

안 돼! / 조용히! / 짖지 마! / 쉿! 의 연습 교육을 하기 위해서는 같이 산책을 하게 되면, 제제할 수 있는 상황이 많이 발생하므로 효과적이다. 이 때 초크체인을 사용하면 보다 확실하게 제제하게 되고, 그에 따라 칭찬도 할 수 있는 기회가 많아진다. 산책과 함께하는 실증 교육은 반려견을 혼란에 빠뜨리지 않고 빠르게 인지하는데 도움이 된다.

5. 체벌(corporal punishment, 體罰)

위의 모든 교육은 어린 강아지 입양 시기가 가장 효과적이며, 성견이 되었다하더라도 교감이 통하면 교육을 잘 시킬 수 있다. 교육은 반려견과 충분한 교감이 이루어져 있어야 하며, 리더로서의 강력한 에너지(energy)를 가지고 있어야 한다. 그렇지 못한 경우 반려견은 교육되어지지 않는다. 따라서 보호자는 입양 전 개에 대한 습성을 충분히 터득하고 있어야 하며, 리더로서 따르게 할 수 있는 에너지도 가지고 있어야한다. 여기에서의 에너지란 개에 대한 습성을 이해하고 올바른 명령을 내릴 수 있는 단호한 목소리와 훈육(discipline, 訓育)을 할 수 있는 힘을 말한다.

때론 정말 말을 듣지 않는 개도 있는데 이때는 부득이 체벌을 할 필요가 있다. 교육에 있어서 사랑을 근본으로 하는 적당한 체벌은 교육에 효과적이며, 나아가 사회적 문제행동을 예방하는데 큰 도움이 된다.

■ 어미개의 체벌 방법관찰

늑대와 개의 무리에서 새끼 개에게 어미로서 체벌하는 행동을 살펴보면, 처음에는 으르렁거리며 소리로서 제압을 암시한다. 그래도 제재 되지 않으면, 단호히 한 번에 새끼의 목을 문다. 이로서 새끼 늑대와 개는 일정한 규칙이나 관습의 위반에 대한 금지를 알게 된다.

이러한 체벌은 문제 행동에 대한 교육적 가치가 보다 크다고 판단될 때 하게 되며, 잦은 체벌은 새로운 문제를 만들어 냄을 명심하여 심사숙고해서 결정해야 하고, 체벌 방법을 준수해야한다.

고전적인 방법으론 신문지를 말아 콧등을 살짝 때려주었다. 현대에 와서는 초크체인을 목에 걸어 제재가 필요할 때 한 번씩 당겨줌으로 큰 효과를 보이고 있다. 초크체인의 구조는 올가미 식으로 어미개가 새끼의 목을 무는 것과 같은 효과를 나타내며, 이때 "안돼!"라는 제재명령도 함께 내린다.

그러나 어미로부터 떨어져 갓 입양된 강아지의 경우엔 초크체인은 효과를 보지 못하고 목걸이에 대한 불안감만 가중시킨다.

따라서 갓 입양된 강아지의 경우는 어미 개를 흉내 내어 "으르렁" 거리고 경고를 무시할 때 한 손으로 어미개가 새끼의 목을 물듯이 한 손으로 재빠르게 강아지의 목을 살짝 조였다 놓음으로서 제재시킬 수 있다.

체벌은 계속되는 것이 아니라 규칙의 위반이나 관습을 배우기 위한 특정기간 동안 한 번의 체벌이므로 동물학대와 폭력과는 구분된다. 체벌이 통하지 않을 경우는 다른 각도에서 문제를 찾아야하며, 동물행동상담사의 조언을 구해야 한다.

Tip

주인의 올바른 교육이 올바른 개와 고양이를 만든다.

Ⅱ. 고양이의 문제 행동과 교정

학습목표

1. 무엇이 고양이의 문제 행동인가를 이해한다.
2. 고양이의 문제 행동을 유발하는 원인을 살펴본다.
3. 고양이의 문제 행동을 교정하는 방법을 알아본다.

1. 무엇이 고양이의 문제 행동인가

고양이, 무엇이 문제일까?

불러도 바로 오지 않는다, 복종하지 않는다, 더럽게 자기 몸을 핥는다, 낮에 자고 밤에 논다, 할퀸다, 발톱을 간다, 집안을 어지른다. 발정이 난다, 오줌을 뿌려댄다, 쥐를 물어다 현관에 갖다 놓는다. 등의 문제는 고양이를 길러 본 사람이라면 누구나 경험해 보았을 것이다.

하지만 위에 나열한 행동들은 절대적인 문제행동이 아니다. 반려고양이를 기르는 보호자의 생각에 따라 문제행동으로 치부되기도 하고 그렇지 않기도 하다. 고양이를 개처럼 훈련시킬 수 있을 거라 기대하고 입양한 보호자는 대부분 문제행동으로 생각될 것이다. 그렇지만 고양이의 습성을 잘 이해하고 있는 사람들은 오히려 그들의 습성을 장점으로 받아들인다.

사람들은 수천여년 동안이나 고양이를 길러왔다. 때로 고양이를 기르는 사람들은 고양이에게 잘 보이려고 눈치를 보기도 하며, "고양이는 원래 그래!"인정하며 귀여움 마음에 모시기도 할 것이다.

캣 월드(Cat World)에 정기적으로 칼럼을 연재하고 있는 「영국 고양이 자문 사무국(The Feline Advisory Bureau)」의 위원장 겸 「고양이 자문 사무국 잡지」의 편집장인 클레어 배상(Claire Bessant)은 "어떤 면에선 사람이 고양이에게 길들여져 있을 수 있다"며 저서에 사연을 소개하고 있다.

개에게처럼 사람들은 고양이에게는 무언가 크게 바라지 않기 때문에, 고양이의 행동을 그다지 문제 삼지 않는다. 하지만 그것은 고양이의 습성에 대해 사람들이 잘 모르고 있기 때문일 수 있다. 그동안 고양이에 대한 미스터리들이 많았지만 최근에 와서는 고양이의 행동 습성들이 차츰 해석되고 있다. 고양이의 문제행동은 고양이가 개와 비슷할 거라고 생각하는 착각에서 비롯된다.

(1) 고양이의 습성(The habits of cat)

고양잇과 동물들은 사자를 제외하곤 모두 단독생활을 한다.

가정에서 기르는 반려고양이 역시 어린 시절과 번식기를 제외하고는 단독생활의 본능적 습성을 지니고 있다. 집에 혼자 두고 외출을 한다 해서, 개들처럼 심심해하거나 우울해하거나 공포를 느끼거나 하는 일이 거의 없다. 어미에게서 갓 떼어 낸 어린고양이는 분리불안을 느끼지만 개처럼 크게 심각히 받아드리지 않는다.

고양이는 깔끔하고, 조용하며, 혼자 놀기의 진수를 보여주는 달인과도 같다. 이러한 점은 반려동물로서 고양이의 큰 장점이다.

(2) 무리가 만들어지면 서열(rank)을 이룬다.

단독생활을 하는 동물일지라도 무리가 생성되면 집단의 서열이 분명하게 나타난다. 단독 생활을 좋아하는 고양이도 가정에 다른 고양이나 개가 있으면 그 안에서 서열을 이룬다.(그 점을 이용하여 보호자가 서열 1위임을 알려주어야 한다.)

서열이 정해질 때까지는 큰 싸움까지도 발생할 수 있으며, 보호자가 어설피 말렸다간 서열을 정하지 못해 계속 으르렁댈 수밖에 없다. 서열구도가 정리될 때 까지 보호자는 끼어들지 않도록 한다. 보호자는 서열형성 과정을 감수해야 한다. 그리고 서열에서 밀린 고양이를 불쌍하다며 다독거렸다간 주인을 믿고 서열 경쟁을 다시하게 되므로 대처를 잘해야 한다.

(3) 고양이의 리더(leader)로서의 나

단독 생활의 습성을 가진 고양이이지만 안식처로의 집과 음식을 보장해 주는 보호자(리더)를 필요로 한다. 자신의 안전을 책임져 주는 어미처럼, 보호자는 고양이에게 신뢰를 주어야 하며 그 신뢰를 바탕으로 고양이의 리더가 될 수 있다.

또한 보호자는 고양이가 신뢰하고 우러르는 리더가 되어야 한다. 고양이를 사랑한다는 이유로 고양이에게 잘 보이려고만 하는 보호자를 고양이는 친구쯤으로 여긴다. 거듭 강조하고픈 것은 고양이에게 갖는 애정이 클수록 더욱 고양이에 대해 열심히 공부해야 한다.

특히, 반려동물 문제행동상담사를 꿈꾸는 사람들은 관계서적은 물론, 반려동물전문 병원, 반려동물 호텔, 유치원, 카페와 블로그 등을 통해 꾸준한 임상을 쌓고 동물행동 전문가에게 조언을 듣도록 한다.

(4) 훈육과 복종훈련은 언제(discipline & obedience)?

고양이는 개와 다르게 훈육을 통해서 행동이 교정되지 않는다.「앉아」같은 단순 훈련도 되지 않는다. 맛있는 것을 잘 챙겨 준다고 해서 또는 무섭게 한다고 해서 복종하는 것도 아니다.

고양이는 카페에서 혼자 창밖을 바라보며 커피를 즐기고 있는 숙녀를 대하듯 해주어야 관심을 끌어낼 수 있다. 고양이에게는 고개를 돌려 옆을 보거나, 뒤를 돌아보지 않고도 모든 방향에서 나는 소리를 탐지할 수 있는 한 쌍의 귀가 있다. 몸통만큼이나 긴 수염과 온몸에 있는 털과 꼬리털을 이용하여 모두 감지하고 있기 때문에 행동을 크게 하거나 과장되게 하면 오히려 보호자를 따르지 않을 것이다. 항상 조심스럽게, 매너(manner) 좋고 에티켓(etiquette) 있는 신사의 마음가짐으로 믿음을 주고 신뢰를 쌓아야한다.

다시 말해 고양이는 훈육과 복종훈련을 시키지 않는다.

2. 고양이에게 나타나는 문제행동의 주된 원인

고양이에게 나타나는 문제성 행동들은 기본적인 욕구를 충족시켜 주지 못하는데 있다. 병증으로 판단하기 전에 발현 원인을 이해하고 있으면, 병증으로 발전할 수 있는 문제행동을 사전에 예방할 수 있다. 이 또한, 고양이에 대한 상식 없이 반려고양이를 입양하는 보호자들에게 반려동물 행동상담사가 카운슬링(counseling)할 사항들이다.

이 장에선 앞 장의 개와 비교 설명으로 이해를 돕고자 한다.

(1) 부적절한 배설

개와 마찬가지로 고양이도 자기 몸과 주위를 청결하게 유지하려는 동물이다. 개와 비교해 본다면 고양이가 자신의 청결에 훨씬 많은 시간을 할애한다. 부적절한 배설이란 정해 준 용변기가 아닌 곳에 배설을 하는 경우를 일컫는다.

1) 영역표시와 관련하여

이불뿐만이 아니라 커튼, 베게, 방석, 소파, 심지어 사람의 몸에까지 오줌을 싸기도 하는데 이런 행동은 대부분 갓 입양된 어린고양이에게서 나타난다. 주변 환경이 바뀌어 자기 영역을 찾고자 하는 행동이다. 여기저기 오줌과 대변을 놓음으로 어미와 동료들에게 자기 위치를 알리려는 행동이기도 하다.

성숙한 고양이의 경우도 때로, 외출 후 돌아온 보호자의 다리와 바지에 소변을 보는데, 그것은 외부에서 묻혀 온 냄새가 집과 다르므로 자신의 소변으로 마킹하는 것이다. 특히 동물병원이나, 동물카페 등에 다녀오거나 외부에서 다른 동물 또는 고양이와 접촉했을 때 일어나는 상황이다. 고양이를 기르는 보호자가 밖에 나가면 다른 고양이들이 다가와 몸과 얼굴을 비벼대는데, 이것을 '고양이들이 나를 좋아하구나'로 착각하면 곤란하다. 그 고양이들 역시 다른 고양이의 체취를 의식하고 자신의 영역적 표시를 하기 위한 행동임을 알아야 한다.

그러므로 고양이를 좋아한다 하더라도 다른 고양이들을 함부로 쓰다듬거나 안는 행위는 자신의 고양이에게 스트레스를 주는 에티켓 없는 행동이 될 수 있으므로 주의한다.

2) 용변기와 관련하여

① 용변기의 청결상태가 좋지 않은 경우.
② 용변기의 대변을 자주 치워주지 않아 가득 찬 경우.
③ 용변기의 모래나 톱밥이 자신과 맞지 않은 경우.
④ 용변기의 모래나 톱밥의 높이를 충분하게 깔아주지 않은 경우.
⑤ 생활공간과 너무 멀리 떨어져 있는 용변기의 위치.
⑥ 잠자리 옆에 용변기를 두어 고양이가 불쾌하기 생각하는 경우.
⑦ 개방된 용변기를 사용하여 고양이에게 배설의 안정을 주지 못한 경우 등.

위와 같은 환경에선 부적절한 배설이 나타나므로 이를 개선해 주면 쉽게 교정된다.

3) 성장 과정의 실수

용변기 관리를 잘 해주었음에도 불구하고 가끔 부적절한 배설을 하는 것은 성장하면서 있는 단순한 실수이므로 성숙하면 자연스럽게 해결된다. 그러나 보호자가 원치 않는 장소에 배설을 한 경우 그 냄새를 말끔하게 지워주어야 한다.

4) 오줌 뿌리기? 스프레이(spray) 행동

스프레이 행동은 부적절한 배설과는 다르다.
개와 마찬가지로 영역표시 행동인 마킹(marking)이므로 구분하여야 한다.

(2) 분리불안

고양이도 어미나 형제 그리고 리더인 보호자와 떨어지면 두려움과 공포심을 갖는다. 어린 고양이를 혼자 두고 외출 후 돌아와 보면, 아무것도 먹지 않고 구석에서 쪼그리고 있거나 머리를 들고 울며 불안감을 표출한다.

고양이는 매우 신중하고 경계심이 많다. 그래서 개와는 달리 보호자가 외출 후 돌아와도 반갑게 꼬리를 흔든다거나 달려들어 안기지 않는다. 고양이 역시 개에 못지않게 후각이 발달되어 있다. 외출에서 돌아온 사람이 진짜 자기 주인임을 체취로 판단하기 때문에, 온통 외부의 냄새를 갖고 돌아온 사람을 탐색하여 확신할 때 까지는 매우 경계적이다. 이 때 보호자가 몸동작을 크게 하거나 빠르게 다가가 안으려 하면 고양이는 놀라고, 큰 불안감을 느낀다.

> *** 교정방법** : 외출할 땐 장난감이나 보호자의 체취가 밴 옷가지 등을 놓아준다. 외출 후 돌아와선 이름을 부르거나"야옹"소리로 보호자의 음성을 확인시켜 주어야 하며, 고양이가 확신하고 안정될 때까지 다가가거나 동작이 큰 행동은 하지 않는다.

(3) 스크래치(Scratch)

스크래치란 발톱으로 긁어 가구를 흠집 내거나, 커튼, 소파, 옷가지 등에 발톱자국을 남기는 것을 말한다.

고양이는 깨무는 송곳니 외에 또 하나의 무기를 숨기고 있는데 바로 날카로운 발톱이다. 항상 날카로운 발톱을 유지하기 위해서 발톱 갈기는 필수적인 본능이며, 날카로운 발톱이 유지될 때 고양이는 비로소 자신감을 얻는다.

하지만 반려 고양이로 함께 지내기 위해서는 정기적으로 발톱을 잘라주어야 한다. 그래야 고양이를 온순하게 기를 수 있고 스크래치에 의한 집기의 손상도 막을 수 있다.

(4) 집안 어지르기

고양이의 경우는 욕구불만으로 집안을 어지르는 개와는 다르다. 고양이는 단지 호기심이 많아 장난과 놀이를 하는 것이다. 고양이를 기르는 보호자는 집안의 물건들을 서랍장과 수납장 등을 이용해 잘 치워놓아야 하며, 고양이가 갖고 놀 수 있는 장난감을 여러 개 마련해 줌으로서 쾌활하고 건강한 고양이로 키울 수 있다.

(5) 공격성

고양이의 공격성에는 여러 가지 이유가 있다. 두려움과 공포로 인한 공격, 최소한의 자기방어를 목적으로 하는 공격, 집단에서 서열 경쟁을 위한 공격, 자신의 영역을 확보하려는 공격 등으로 나눌 수 있다.

1) 두려움

가정에 갓 입양된 고양이는 모든 것이 바뀐 환경에 불안해하고 새로운 것에 대한 두려움으로 자신에게 접근하지 못하게 공격성을 띤다.

2) 자기방어

보호자가 바뀌거나 새로운 인물의 등장, 뜻밖의 환경에 노출되거나 다른 고양이나 다른 동물의 등장, 고양이를 마구 주무르는 어린아이의 출현에 고양이는 스스로 방어하는 수단으로 공격성을 보인다. 두려움에 따른 공격성과는 공격방법과 모습에 차이를 보인다.

3) 서열싸움

제한된 공간 안에서 다른 동물의 등장은 바로 서열 다툼으로 이어진다. 서열싸움은 서열이 정해질 때까진 계속되므로, 보호자가 한번은 치러야 할 홍역과 같이 대담하게 받아들여야 더 큰 싸움이 야기되지 않는다.

4) 영역확보

야생에서 영역이란, 먹을 것을 확보하고 안전하게 잠과 휴식을 취하며 자손을 번식시킬 수 있는 생존의 공간이다. 더불어 영역은 서열이 정리된 공간이다. 영역에 대한 본성은 가정에서 생활하는 귀염둥이 고양이라 해서 없어지지 않는다. 유명 고급 품종 고양이도, 길거리 고양이도 생존과 관련된 영역확보를 위한 공격성을 가진다.

5) 갑자기 물고 도망가는 고양이

이런 행동을 일본의 한 서적에서는 '애무유발성 공격'으로 분류하여 문제행동으로 서술해 놓았는데 이는 공격성의 정의와는 무관하다.

이 책에서 말하는 '애무유발성 공격'이란 만져주기를 원하며 보호자의 무릎에 앉은 고양이를 쓰다듬어 주었더니 느닷없이 물고 도망가는 행동을 이야기하고 있다.

고양이는 과도한 애정표현을 싫어한다. 고양이가 수용하는 정도를 넘으면「싫어」,「하지 마」라고 표현하는 것이다.

사람으로 예를 들면, 귀엽다고 남자아이의 고추를 만지거나 여자아이의 가슴과 엉덩이를 만지고, 예뻐서 깨물거나 '서울 구경'장난을 하는 어른이 있다 하자. 아이입장에서 그런 행동들은 충분히 가해로 느껴질 수 있다. 순간 상대에 대한 신뢰가 깨질 것이며, 불편함이나 아픔을 벗어나기 위해 발로 차거나 물어 상황을 벗어나려 한다.

같은 맥락으로 물고 도망가는 고양이를 이해하여야 하며, 공격성의 문제로 보아서는 안 된다. 오히려 고양이쪽에는 공격당하고 있다고 생각되는 것이다.

3. 고양이의 일반적 문제 행동의 교정

고양이의 습성을 이해했다면 그것이 특별한 문제가 아니라는 것을 알았을 것이다. 그러나 모든 이가 고양이의 습성을 다 이해하고 고양이를 입양하지 않는다. 따라서 반려동물행동상담사는 그들이 말하는 고양이의 주된 문제행동을 파악하고 있어야 한다.

이 장에서는 고양이의 일반적 문제행동을 교정하는 방법에 대해 설명하기로 한다.

(1) 분리불안 완화 및 해소

Key word

* 개방된 집은 고양이를 불안하게 만든다.
* 여러 개의 집을 연결하여 만들어 주면 혼자서도 잘 논다.
* 평소 좋아하는 장난감 넣어 준다.
* 보호자의 체취가 남은 옷가지 등을 함께 넣어 준다.

고양이는 새로운 것에 대해 호기심이 많은 동물이다. 하지만 새로운 것에 대해 의심과 두려움도 많이 갖는다. 고양이의 이런 습성을 이해하여야 분리불안을 제대로 해결해 줄 수 있다.

외출 시 혼자 남게 될 고양이에게는 무엇이 필요할까?

숨을 수 있는 공간으로서의 안정된 집, 놀이터로서의 집, 휴식을 취할 수 있는 공간으로서의 집, 잠자리로서의 집이 필요하다. 그러나 대부분의 가정에서는 고양이를 잘 들여다 볼 수 있는 개방형 집을 사용하고 있기에 발생되는 문제일수 있다.

집이 개방된 고양이는 불안정해진다. 야생에서처럼 자신을 숨길만한 공간이 없기 때문이지 혼자 놔 두어 더 불안해 진 것이 아닐 수 있다.

야생에서 어미는 사냥을 나갈 때 아무 방어력이 없는 아기 고양이를 안전한 풀 숲 등에 숨겨두고 간다. 아기고양이는 혼자라고 두려움에 떠는 것이 아니라 어미가 돌아올 때까지 조용히 기다리며 그 안에서 휴식을 취하게 된다. 고양이에게는 그런 집이 필요하며 고양이 전용집들이 시중에 판매되고 있다. 그러나 고양이 습성을 고려하지 않은 체 상업적 디자인으로만 만들어진 집도 있으니 동물행동상담사 또는 전문가에게 문의하고 구입하는 것이 바람직하다.

고양이는 문이 살짝 열린 장롱 안, 완전히 닫히지 않은 서랍 속, 침대와 벽이 만나는 좁은 터널 같은 공간, 침대 밑, 싱크대 뒤의 어둡고 좁은 공간, 그리고 냉장고 위 같은 높은 곳과 자신을 노출시키지 않으면서 밖을 내다 볼 수 있는 창틀을 매우 좋아한다.

분리불안은 갓 입양되어 온 아기고양이에게서 많이 나타나며, 성장을 했다하더라도 새로 이사 온 집, 보호자의 변경, 길고양이의 입양 등 새로운 환경에 노출되었을 경우 나타나게 된다. 이럴 때는 사방이 트인 집안에 풀어놓고 가는 것보다. 통로와 통로로 이어지는 공간이 마련된 집을 마련해주는 것으로서 문제를 해결할 수 있다.

(2) 부적적한 배설의 교정

Key word

- 고양이가 이불에다 똥, 오줌을 싸요!

* 용변기 점검.
* 집안에 흡수될 만한 물건 치우기.
* 외출 시 다른 동물과 많이 접촉하지 않기.

고양이는 훈련 없이도 용변을 스스로 잘 가리는 동물로 익히 알려져 있다. 그것은 반려동물의 입양을 고민할 때 개보다 고양이를 선택하게 되는 가장 큰 이유가 되기도 한다. 그렇기에 고양이가 부적적한 배설을 한다면 고양이에 대한 실망감은 매우 크게 나타난다. 강아지처럼 살갑거나 말을 잘 듣지도 않는 고양이는 문제행동이 나타나면 개보다 쉽게 버려지는 이유이기도하다.

하지만 부적절한 배설의 배경을 우리가 이해한다면 문제는 바로 해결이 될 수 있으니 다음과 같은 사항들을 점검하여 보자.

고양이의 부적절한 배설은 크게 세 가지 경우다.

첫 번째는 용변기와 관련된 것으로 쉽게 교정이 가능하며 두 번째는 영역표시와 관련한 것으로 보호자의 주의가 요구된다. 세 번째는 고령화에 따른 치매로 약물치료가 조금 도움이 되지만 완전히 개선되지는 못하므로 받아들여야 한다.

1) 용변기와 관련한 부적절한 배설

① 용변기의 청결상태가 좋지 않은 경우
- 깔끔함을 좋아하는 고양이는 다른 곳을 찾게 되므로 청결을 유지시켜준다.

② 용변기에 대변을 자주 치워주지 않아 가득 찬 경우
- 당연히 이러한 경우도 다른 곳을 찾는다. 대변을 정기적으로 치워준다.

③ 생활공간과 너무 멀리 떨어져 있는 용변기의 위치
- 너무 멀지 않으면서 프라이버시가 지켜질 수 있는 장소로 옮겨준다.

④ 잠자리 옆에 위치한 용변기
- 잠자리 옆에 사료와 물, 그리고 용변기까지 나란히 놓아 준 경우가 많다.
  그런 환경에서 그냥 용변을 보는 고양이도 있겠지만, 깔끔함을 좋아하는 고양이는 다른 장소를 찾게 되므로 잠자리와 멀리 떨어트려 준다.

⑤ 개방된 용변기 사용
- 야생고양이의 배설행동을 관찰해보면, 야생고양이는 용변을 보기 위한 장소로 이동한 후, 주위를 살피고 안전하다고 판단했을 때 비로소 용변을 본다.
  가정의 고양이도 그 본성을 가지고 있다. 모두가 지켜볼 수 있는 노출된 장소에서는 용변을 잘 보려하지 않기 때문에 뚜껑이 있는 용변기로 바꾸어 주면 바로 해결이 된다. 당장 바꿔주지 못할 경우 약간 어둡고 사람들이 볼 수 없는 안정된 장소로 옮겨 주면 해결된다.

⑥ 놀이 중 지나친 흥분과 용변을 참았을 경우
- 고양이는 식사 후, 혼자 또는 보호자와 놀이를 한다. 노는데 열중하다보면 용변 보는 것을 잠시 잊었다가 참을 수 없어 용변을 보게 되므로, 이때는 혼내지 말고 고양이의 관심을 딴 곳으로 돌린 후 냄새를 말끔하게 지워주어야 한다.

⑦ 급격한 공포와 폭행
- 고양이가 말썽을 피웠다 해서 동작을 크게 하며, 큰소리나 주변물건 등으로 과도한 위협을 가했을 때 일어나는 배설로 그 냄새가 매우 고약하다. 또한 고양이를 폭행했을 때에도 같은 증상이 나타난다.

2) 영역표시와 관련한 부적절한 배설

이불이나 커튼, 베게, 방석, 소파, 심지어 사람의 다리에까지 오줌을 싸기도 하는 부적절한 배설은 대부분 갓 입양된 어린고양이에게서 나타나는 행동이다. 주변 환경이 바뀌어 자기 영역을 찾고자 하는 것이다. 배설물로 자신의 위치를 어미나 동료들에게 알리려는 행동으로도 해석된다.

때로는 외출 후 돌아온 보호자의 다리나 바지에 배뇨를 하기도 하는데 외부의 흔적에 대한 반응이다. 소변을 뿌려 마킹하는 것이다. 특히 밖에서 다른 동물이나 고양이와 접촉했을 때 일어나게 된다. 다른 고양이를 생각 없이 쓰다듬거나 안는 행위는 자신의 고양이에게 스트레스를 줄 수 있으므로 보호자 스스로 주의해야 한다.

어쩔 수 없이 접촉을 하게 된 경우에는 밖에서 옷을 털어주고 손 등을 씻어주면 한결 나아진다.

위 두 가지 모든 경우는 물론 실수로 배설을 한 경우에도 배설한 곳의 냄새를 우선 말끔하게 제거하여야 한다. 그런 처치가 병행되어야 부적절한 배설을 빠르게 교정할 수 있으며 그로 인한 스트레스에서 빨리 벗어날 수 있다.

(3) 공격성에 대한 교정

Key word

* 소통 부족 - 눈을 동그랗게 뜨고 똑바로 쳐다보면 싸우자는 이야기
　　　　　 - 눈을 반쯤 감고 윙크하면 사랑한다는 이야기
* 어린이가 고양이 막 주무르나요?
* 새끼를 낳았나요?

앞서 고양이의 공격성이 나타날 수 있는 문제행동의 원인으로 설명한 네 가지를 다시 참고하여 교정방법을 설명하도록 하겠다.

반려동물행동상담사는 네 가지 이유 외에, 일상에서 일어나는 단순한 일회성 공격에 대해서 여러 사례를 통해 정보를 분석하는 임상겸험을 쌓아야한다. 또한, 보호자가 문제가 되는 공격성의 원인 제공자가 되는 일이 없도록 미리 상담하여준다면 공격성을 예방할 수 있다.

1) 두려움에 의한 공격적 행동

Q1. 갓 입양해온 고양이가 따르지 않고 물려고 해요?

가정에 갓 입양된 고양이는 모든 것이 바뀐 환경에 불안해하고 새로운 것에 대한 두려움으로 자신에게 접근하는 것을 막는 공격성을 띤다.

두려움을 잊게 하기 위해서는 고양이 집이 개방되어 있지 않아야 한다. 앞으로 성장할 것을 대비한다고 너무 큰 집을 구입해도 안 된다. 고양이 한 마리가 들어가 돌아누울 수 있는 정도의 크기의 집을 만들어 주어야 아기고양이는 비로소 편안하 고 안정된 휴식 공간으로 느낀다. 아늑한 자기만의 집을 갖게 해줌으로써 며칠 내 에 해결될 수 있다.

Q2. 가정에 무서운 삼촌이 있나요?

고양이는 자기를 많이 좋아하는 사람, 조금 좋아하는 사람, 적당히 좋아하는 사람, 그리고 나쁜 사람과 두려운 사람으로 나름대로 구분해 정하고 있다.

가정의 리더인 아버지는 직접 피해만 받지 않는다면 아내와 자식이 좋아하는 반려동물에게 비교적 관대하다. 고양이가 별로 마음에 들지 않지만 고양이를 잘못 건드렸다 간 가족들이 어떻게 나올지 잘 알기 때문이다. 가장으로서 가정의 평화를 위해 참는다. 그러나 제 3자인 삼촌과 같은 인물인 경우에는 좀 다르게 나타난다. 기분 내키는 대로 그냥 고양이를 혼내고 때리기도 한다. 그래서 삼촌과 같은 인물이 외출했다 돌아오면 고양이는 어디에 숨었는지 보이질 않는다. 잠재적 두려움에 대한 공격성이 서열이 낮은 어린아이들에게 전가될 수 있어 이러한 경우는 삼촌이 빨리 장가가기를 바랄 수밖에 없다.(어린 시절 저자의 에피소드이다.)

Q3. 이유를 잘 찾지 못하겠어요?

이런 경우는 빨리 반려동물 전문병원을 찾아가야 한다. 어떤 병증에 대한 괴로움을 표현하는 것이기 때문일 수도 있기 때문이다. 치아, 구강, 식도, 항문, 중이염, 관절염, 소화기문제, 골절상, 비뇨기 문제, 보호자가 모르는 정신적 트라우마(trauma) 등 많은 요인이 있다. 그럼에도 원인을 알기 전에는 못된 고양이로 치부되고 문제행동으로 오해를 받게 된다. 의외로 문제행동의 상당한 부분을 차지하는 경우이므로 먼저 전문수의사의 진단을 받은 후 교정방법을 세워야한다.

2) 자기방어적인 공격성

보호자가 바뀌거나 새로운 인물의 등장, 뜻밖의 환경에 노출되거나 다른 고양이, 다른 동물의 등장. 그리고 고양이를 마구 주무르는 어린아이가 있다면 고양이는 자신을 방어하는 목적의 공격성을 갖는다. 두려움으로 인한 공격성과는 공격방법과 모습이 다르다. 자기방어적인 공격성의 교정방법은 원인을 만들지 않거나 제거하면 나타나지 않는다.

Q1. 가정에 어린아이가 있나요?

고양이는 사람 중에서 어린아이를 가장 무서워한다. 마구 주무르고, 깨물고, 집어 던지기 때문이다. 따라서 어린아이를 보면 두려움으로 공격 자세를 취하게 된다. 해결책은 어린아이와 격리하고 보호자가 없을 때는 가두어 안정된 공간에 놓아주어야 한다.

Q2. 또 다른 고양이나 강아지를 입양하셨나요?

고양이는 야생에서 독립생활을 하는 동물이다. 제한된 공간 안에 또 다른 고양이나 강아지가 입양되는 것을 바라지 않는다. 새로 구성원이 된 고양이나 강아지의 파워(power)가 자신보다 세다면, 서열에 밀려 영역도 빼앗기고 독차지하던 주인의 애정도 빼앗겼다고 생각한다. 위기감이 느껴진 고양이는 자기방어적인 공격성을 나타난다.(서열싸움이 이미 끝난 상태에서의 자기 방어적 공격행동을 뜻한다.)

3) 서열싸움에 의한 공격성

제한된 공간에서 다른 동물의 등장은 곧바로 서열 다툼으로 나타나며, 서열이 정해질 때까지 계속되므로 보호자가 대담하게 받아들여야 더 큰 싸움이 야기되지 않는다.

Q1. 다른 반려 동물을 입양하셨나요?

서열 싸움을 빨리 끝나게 하기 위해서 보호자는 동물들의 행동반경을 고려하여 잠자리의 위치 등을 정해주어야 한다. 각각의 밥그릇과 잠자리를 만들어 주어야 서열 싸움이 일상의 동선에서 부딪치는 것을 막을 수 있다. 서열싸움은 꼭 물고, 할퀴는 것만이 아니다. 서로 눈빛으로 싸우고, 소리와 몸동작으로 표현을 먼저 한다. 그런 모든 경고에도 불구하고 엇비슷한 경쟁상대라 판단되면 할퀴고 물고 뜯는 싸움을 하게 된다. 그런 폭력적인 싸움을 방지하기 위해서 보호자가 각각의 영역을 지정해주고, 보호자의 객관적 입장을 리더로서 보여주어야 한다.

Tip

대부분의 반려고양이는 외부에서 다른 반려동물을 입양했을 때 문제가 없는 경우가 더 많다. 그러나 문제가 심각할 경우에는, 빨리 친해지라고 같은 잠자리, 같은 밥그릇, 같은 화장실을 쓰게 해서는 문제해결에 전혀 도움이 되지 않는다.

Q2. 보호자가 리더로서 잘하고 계시나요?

보호자는 사람(어린아이 포함)이 고양이보다 서열 순위가 훨씬 높다는 것을 인지시켜 주어야 한다. 일상에서 고양이가 자신을 가정의 우두머리로 생각할 수 있는 행동들은 하지 않아야 한다. 방법은 생활습관에서 찾아야 한다. 밥을 사람보다 먼저주는지, 식탁에 올려놓고 밥을 먹이고 있지 않은지, 특히 사람과 같이 먹거나 떠먹여 주지 않는지 등 서열과 관계된 모든 생활 습관을 점검하여야 한다.

상담할 때에는 때로 역설적인 화법이 교육효과가 크다.

ex) 안하무인(眼下無人) 고양이를 만드는 방법?

① 어린아이보다 고양이 밥을 먼저 챙겨주자!
② 반려라는 입장에서 같은 식탁에서 식사를 하자!
③ 비싸게 구입한 고양이의 집은 장식품으로 두고, 보호자의 따뜻한 침대 중앙을 양보해 주자.
④ 배 위에 올려놓고 자자.
⑤ 고양이와 놀아줄 때, 할퀴게 해 주거나, 물려주며, 가끔 죽어주는 시늉도 해주자!
⑥ 고양이는 높은 곳을 좋아한다. 높은 곳을 만들어 주고 항상 고양이를 우러러 보자!
⑦ 아이와 고양이가 싸우고 있을 때 고양이의 역성을 들어주자!
⑧ 친지와 손님이 방문했을 때, 평소보다 고양이에게 더 관심을 가져주고 품에 꼭 안아주자!

4) 영역확보를 위한 공격성

야생에서 영역이란 먹는 것, 잠자리, 번식을 할 수 있는 생존의 공간이다. 영역 본성은 가정에서 기르는 고양이도, 길고양이도 지니고 있다. 모든 고양이들은 생존과 관련해서 영역확보를 위한 공격성이 나타난다. 영역은 곧 서열과 연결되기도 한다.

5) 발톱을 깎아 기르자

날카로운 발톱은 곧 고양이의 자신감이다. 자신의 무기인 날카로운 발톱을 사용해보고 싶은 공격성이 나타난다. 그러므로 발톱을 정기적으로 깎아주도록 한다. 발톱이 날카롭지 않은 고양이는 곧 온순해 진다.

TiP 1

야생에서 뿔이 없는 수사슴은 매우 온순하며 공격적이지 않다. 특히 뿔이 새로 돋는 봄엔, 자라나는 뿔이 다칠까봐 더욱 온순하다. 여름이 지나 가을 번식기가 되면 뿔이 딱딱해진다. 딱딱해진 뿔을 열심히 갈아 끝이 날카로워지면 수사슴은 매우 공격적이 된다. 평소 사슴을 잘 먹이다가 가을에 뿔에 찔려 다치거나 죽는 인명피해가 농장에서 빈번하게 발생한다는 것을 기억하자.

보호자에게는 온순해 보이는 고양이지만 발톱이 날카로워지는 날, 고양이는 그 숨겨진 무기를 한번 쓰고 싶어 안달이 난다. 결국 그런 일이 발생하여 보호자나 자녀가 상처를 입고 고양이를 두려워하는 순간부터, 기세가 오른 고양이의 공격성은 더욱 심해지게 된다. 이러한 경우 발톱을 빨리 잘라줘야 하는데, 고양이가 그것을 쉽게 허락하지 않을 것이다. 캣닢을 이용해 안정을 취하게 하여 발톱을 잘라주거나 반려동물전문병원으로 가서 잘라주어야 한다.

==

* 캣닢(catnip,catmint) – 네페탈락톤 성분이 고양이들에게 행복감을 유발하므로 스트레스를 줄이기 위한 일종의 기분전환제로 쓰이고 있다.(어린 고양이는 좋아하지 않음)

TiP 2

*** 저자가 동물병원과 반려동물전문병원을 구분하여 칭하는 이유?**

사실 동물병원과 반려동물전문병원이라는 것을 구분하는 기준은 없다. 국가시험도 따로 보지 않는다. 하지만 반려동물을 주로 치료하는 동물병원에 가면 좀 더 전문적인 처치 기구들이 준비되어 있어 고통을 덜 주고 맞춤형 치료가 가능하다. 일례로 예전에 시골의 동물병원에서 고양이나 개의 발톱을 자르게 되면, 그에 딱 맞는 소형 전문기구가 없어 뚜뚝 자르다 출혈이 되곤 했다. 그러면 지혈을 위해 다시 인두로 지졌다. 손톱 밑에 작은 가시가 들어가도 고통스러운데, 작두 같은 가위로 자르고 뜨거운 인두로 지혈한다는 것은 고문이나 다름없는 것이다.

요즈음엔 일반인들도 전용기구들을 전문 숍(shop)에서 구입할 수가 있게 되었다.
고양이 전용 발톱 깎기로 정기적으로 잘라주도록 하자.

(3) 발정이 와서 스트레스 받아요.

성성숙 이후 암고양이의 발정주기는 생후 4~7개월 사이 나타난다. 수고양이의 경우는 성성숙후 발정주기는 따로 없으며 언제든지 생식이 가능하다. 성성숙 후 발정 스트레스는 수컷과 암컷이 다르다.

수컷의 경우 매일 집밖을 나가 돌아다니게 된다. 또한 여기 저기 자신의 체취를 남기기 위해 개의 마킹과 같은 스프레이 행동을 한다. 항문 위에 냄새를 분비시키는 분비선(취선)이 있어서 오줌이 아닌 냄새를 뿌리는 것이 개의 마킹과는 다르다.

암컷의 경우는 4~7일 정도 발정이 오며, 약 10~14일 정도 휴지기를 갖는다. 한 달에 두 번 정도의 발정기를 반복하게 된다. 발정기는 배란이 일어나 임신이 가능한 시기로 자손을 남기기 위한 번식본능에 따라 임신을 하기 위해서 발정행동이 나타난다. 그것이 거슬려 중성화 수술을 시키면 암고양이에게서 볼 수 있는 발정 행동은 더 이상 나타나지 않는다. 그러나 달리 보면, 암컷의 발정 행동은 매우 애교가 넘치고 귀여운 모습이기 때문에 중성화 수술은 암고양이를 기르는 재미를 모르게 되는 일임도 염두에 두어 결정해야한다.

동물행동상담사는 고양이를 입양하여 기르게 될 보호자(내담자)에게 암컷과 수컷의 발정행동 차이와 그것의 장단점을 충분이 알려주어야 한다. 보호자의 결정에 중요한 도움말이 되기 때문이다.

고양이는 성숙하면 독립적 행동이 더 강해지므로 어린 고양이때 생활 습관을 길들여 주어야 한다. 개와 고양이 모두 주인의 책임인 것이다.

나! 아기고양이

입양 전 생각 잘해봐! 문제행동이라 하지 말고!

나는 원래 그래. 난 털이 많이 빠져.
사람에 따라 냥이 알레르기가 있어! 생각 잘해봐.
똥은 비교적 잘 가리지만 냄새가 장난 아닐걸! ㅎㅎ
내 화장실 전용으로 만들어 주어야 해, 정기적으로 잘 치워주고
그렇지 않으면 이불에다 볼일 볼거야!

난 호기심이 많아! 물건 아무데나 놔두면 장난감으로 준 줄 알거야!

난 크면 집안 곳곳에 오줌 뿌릴 수도 있어! 커서 그러는 거야
오줌 못 가리는 게 아니라구.

그리고 늙으면 이상행동 할 수 있으니 마음의 준비 해!
치매라고 하던가? 일단 팔 다리, 무릎도 아플거구,
이빨도 부실해져서 밥도 죽 쒀서 주어야 해!

이상, 그렇게 해주면 평생 사랑할께! 뽀뽀뽀

4. 반려동물 상담자로서의 자격

반려동물을 포함한 모든 동물의 생활 습성을 이해하는 것, 그것은 곧 사람들의 사회상을 이해하는 밑거름이 된다. 그런 이유로도 선진국에서는 야생 다큐멘터리에 많은 시간과 돈을 투자하는 것이다. 동물행동학은 인문학을 뒷받침하는 기초자료가 되고, 같이 살아가는 지구환경을 지킬 수 있는 학문이다. 동물행동학자로서만 아닌 동물행동상담사로서 발전하기 위해서는 각자 많은 수학을 해야 할 것이다. 또한 시간을 할애하여 전문동물병원, 동물호텔, 동물유치원, 동물매개치료활동과 반려동물 카페와 블로그, 동아리 활동 등을 통하여 임상 경험을 쌓아야 한다.

상담할 수 있는 능력과 방법을 익혀야 하며, 상담 후의 분석을 기록으로 남겨, 후대들이 쉽게 이해하고 실천할 수 있는 보다 체계적인 학문으로도 발전시켜 나가야 할 것이다.

MEMO

제 3 장
동물병원 실증 상담기
Demonstrated counseling of Animal Hospital

동물의 행동을 잠깐 보고 `무엇을 요구하는지?' 혹은 `어떤 상태라는지? 를 명확히 알기란 쉽지 않은 일이다.

그렇지만 수천 년 동안 인간과 동물이 함께 공유해 온 역사의 경험을 바탕으로 「동물학」, 「동물행동학」이라는 학문이 자리하게 되었다. 최근 들어 단순한 사육의 의미가 아닌 반려동물로서 한 위치를 차지하고 있는 동물들의 행동양식에 대해서 동물학자, 수의사, 생태연구가들이 많은 해석을 내놓았다. 이 학문들을 토대로 인간과는 다른 언어와 행동 양식을 지녔지만 인간의 영역에서 함께 살아가는 사회성을 훈련과 교정을 통해 키워나가야 하겠다. 그러한 생각으로 10여 년 동안 동물병원과 동물호텔을 운영하며 내원하는 보호자들이 주로 호소하는 반려견에 대한 고민 중, 가장 많은 몇 가지를 소개하겠다.

I 동물병원 실증사례 상담기

1. 동물행동상담 전문 수의사의 동물병원 실증사례 상담기

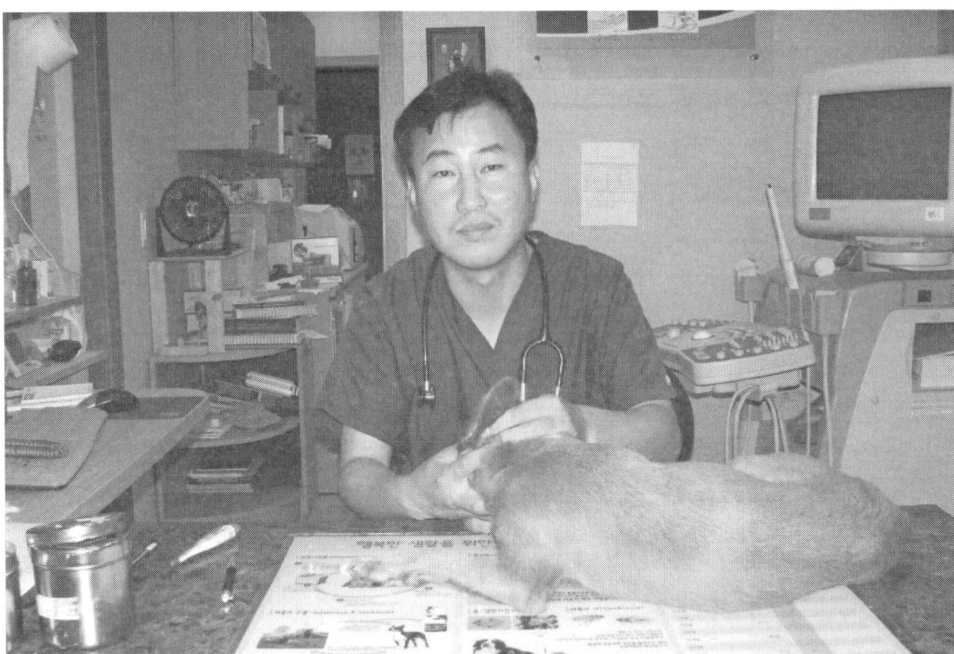

동물행동전문상담사인 와우동물병원 원장 오홍근 박사(전라북도 익산시 2014.07)

에피소드 1. "우리 애기가 똥을 못 가려요!"

반려견을 처음 입양하는 사람들의 첫 번째 행동고민은 분변 교육이 아닐까 싶다.

사실 동물의 입장에서 배변 흔적은 생리현상이고 자신의 영역에 대한 표시로써 지극히 자연스러운 일이다. 그러나 실내사육이 대부분을 차지하는 우리의 주거 형태를 고려해 볼 때, 이왕이면 보호자가 원하는 정해진 곳에 해결하면 더 좋을 것이다.

동물의 행동을 이해하기 위해선 먼저 사람과 동물의 스트레스 요인이 조금은 다르다는 것을 먼저 알아두는 것이 좋겠다. 사람의 스트레스가 학업과 직장, 대인관계에 관한 것이라면, 동물의 스트레스 요인 중 가장 큰 것은 환경의 변화와 이동에 관한 것이다.

현재 우리나라는 생후 40-60일령의 반려견의 분양을 선호한다. 이는 젖을 떼고 어미견으로부터 받은 모체이행항체가 최저 수준에 도달하는 시점이기도 하다. 따라서 전염성 질환에 매우 취약할 때이다. 인간에 비유하자면, 사람을 막 분만하고 환경에 조금씩 익숙해지고 나름 자기주장을 내세우는 3~5세경에 낯선 이국땅에 홀로 남겨진 것과 같은 상황일 것이다. 인간과 달리 시각보다는 후각과 청각이 발달한 반려견들은 어미견의 익숙한 냄새가 아닌 새로운 냄새를 접함으로써 새로운 것에 대한 스트레스 요인이 발생할 것입니다. 어린 강아지는 생존을 위해 나름 환경에 익숙해지고자 여기저기 자신의 냄새를 표시하려고 할 것이다. 물론 보호자로서는 불만스러운 일이겠지만 다음의 사례를 통해 알아보자.

자, 그럼 우리 사람의 방식대로 낯선 곳에 온 애기를 교육시켜 볼까요?

첫 분양 후 일주일 정도 지나서 예방접종을 위해 내원하는 보호자들의 불만을 들어보면 "강아지가 너무 변을 자주 본다."라고 한다.

"밥은 하루에 몇 번을 주시나요?"

"하루에 두 번 주되 한번에 30알씩만 주라던데요"

"그걸 먹는데 시간이 얼마나 걸리나요?"

"뒤돌아서면 없던데요. 그렇게 급하게 먹고 토하기도 하고 다시 또 먹어요."

“에구구, 젖을 뗀 이유기가 지나고 사료를 섭식하기 시작할 때 입니다. 소화관의 길이가 성견에 비해 짧기 때문에 조금씩 자주 먹고 자주 배변하게 됩니다. 그런데 하루에 두 번이라뇨, 그것도 30알이라니요! 애기가 얼마나 배고플까요? 배가 부르면 먹지 않습니다. 좀 많이 주세요. 6개월까지는 하루 3-4회, 1년까지는 2회입니다. 사료양도 성장기에는 체중의 5%, 성숙기에는 체중의 3%가 권장급여예요.”

“어머머! 그래서 그랬구나. 미안해라! 얼마나 배고팠을까! 그런데 변은 왜 조금씩 여기저기 싸죠? 퇴근 후 집에 와보면 여기저기가 지뢰밭이에요.”

“처음 입양이시면 배변 교육에는 보호자가 함께 하는 것이 좋은데 교육시간이 마땅치 않군요. 그래도 휴일에라도 한번 교육해 보시죠. 울 애기들은 대부분 밥을 먹고 30분 이내에 변을 보게 됩니다. 배변을 하고자 하는 행동은 여기저기 냄새 맡고 다니다가 뱅글뱅글 돌다가 엉덩이를 바닥에 내리고 힘을 주게 됩니다. 이때 보호자 분이 원하시는 곳으로 데려가세요. 화장실이나 배변판으로요. 그럼 애기가 당황하겠죠? 사람도 그렇잖아요. 변이 나오려고 할 때 주변에 자극이 있으면 다시 들어가듯 이요. 애기는 화장실에서 나오려거나 배변판을 내려오려고 하겠죠. 다시 올려놓고 기다리길 반복하면 대부분 변을 보게 됩니다. 변을 잘 보고나면 가벼운 수신호나 칭찬과 함께 사료나 간식을 조금만 줘 보세요. 보통은 2~3일이면 보호자의 칭찬과 간식을 먹기 위해 그렇게 할 것입니다.”

Tip

파블로프의 종

파블로프라는 생리학자가 개에게 밥을 주기 전에 항상 종을 쳤지요. 익숙해지더니 이제는 종만 쳐도 밥을 주는 줄 알고 침을 흘리게 되지요. 이것이 조건 반사입니다.

에피소드 2. "울 애기는 외부인만 보면 짖어대요!"

가벼운 질환으로 내원하시는 분들이 간혹 불평을 하는 이야기다.

무리를 지어 살던 개과 동물은 반드시 리더가 필요한데 반하여 반려견과 보호자만 사는 특히 직장생활을 하는 싱글족들에게 많이 일어나는 불만이다.

"울 애기는 외부인만 보면 짖어대요. 택배 아저씨나 옆집에서 손님이 와도 난리가 나요. 민망해서 손님도 못 와요. 남을 줄 수도 없고 어떻게 해야 하나요? 그것만 아니면 참 예쁜데 ……."

'무는 개는 짖지 않는다.'라는 말이 있습니다. 자신감에 찬 리더 격의 개는 불필요하게 짖지 않습니다. 외부인에 대해 짖어대는 것은 '내가 여기 있으니 오지 마' 혹은 과도한 경계심의 표현으로 해석되곤 합니다.

"그럴 땐 어떻게 하세요?"

"너무 짖으니깐 안아서 데리고 있거나 방으로 데려 가죠"

"허허, 이거 정 반대의 처치를 하고 계시는 군요"

외부인을 경계하고 자신의 리더인 보호자를 보호하기 위한 아주 자연스러운 행동이지만 경비견이 아닌 이상 반려견의 보호자는 원치 않는 행동일 것이다. 더군다나 잘 했다고 칭찬하는 격으로 안아서 데리고 있으니 반려견은 아마도 스스로 '잘 했구나' 하며 대견해 하고 있을 것이다. 심지어는 보호자의 품안에서 더욱 흥분하고 있을 수도 있다.

"자. 이제 우리의 행동을 바꿔 볼까요?"
"그것은 반려견의 리더인 보호자가 원치 않는 행동임을 알려줘야 합니다. 언성을 높인다고 해결될 문제는 아니지요".
"먼저 반려견에게 그 어느 순간에도 건드리지 않는 자신만의 아늑한 공간을 만들어 주세요. 지붕이 있는 약간 어두운 곳이면 더욱 좋구요. 그 어떤 말썽을 부려도 그곳에 들어가면 절대 터치 하지 않을 곳으로요. 거실보단 소파 옆이나 약간 구석진 곳이 좋겠지요. 그 다음에 목줄을 착용해서 리드줄을 채워 두세요. 친분이 있는 분과 함께 교육을 해보면 좋을듯합니다."

"지인이 왔을 때 계속 짖으면 목줄을 당겨서 반려견만의 공간으로 데려가세요. 절대 안지 마시고요. 그리고 계속 짖으면 목줄을 톡톡 채주시고요, 조용해지길 기다리세요. 5분 정도 경과되면 '잘했다'하고 칭찬하며 간식을 하나 주세요."

"명령어로는 '집' 하면서 손을 집 방향으로 가리키세요. 명령어와 수신호 그리고 보상을 해주며 반복하신다면 이 문제는 쉽게 교정이 됩니다."

에피소드 3. "울 애기는 자기가 사람인줄 아나 봐요. 개를 싫어해요!"

모처럼 휴일이나 여가를 이용해서 산책을 다니다보면 이런 불평을 하시는 분들이 많다. 역시 무리를 지어 살다가 혼자만 있게 되고 성격적으로도 약간은 소심한 반려견들이 많이있어 그런 행동을 한다. 낯선 사람만 봐도 꼬리를 내리고 숨거나 과도하게 짖기도 하며 그러면서도 심지어 어린 아이는 물려고도 한다.

영화의 한 장면처럼 노을이 지는 아름다운 풍경을 반려견과 함께 하려던 행복한 상상은 순식간에 달아나게 될 것이다.

"하하하 벌써 「순돌이」를 사람으로 생각하고 계시는 군요"

"어머 그러게요. 호호호"

"무리 안에서 사회성을 형성하며 서열을 정리해야 하는 시기를 놓친 상황입니다."

"어! 그럼 우리 「순돌이」는 이제 교정이 안 되는 건가요?"

"하하 그렇지 않습니다. 좀 늦었더라도 시간이 좀 걸린다 뿐이지 안 되는 건 없습니다. 교육은 항상 반복과 인내하는 것이죠."

"선생님, 그럼 어떻게 하는 게 좋을까요?"

"자! 우선은 우리 「순돌이」의 자신감 회복이 중요합니다. 그렇게 하기 위해선 행동반경을 넓혀주는 게 도움이 됩니다. 사람도 그러하듯 집안에만 있는 것은 대인관계 형성에 그리 도움이 되지 않잖아요. 매일 집에 퇴근하고 여유시간이 있죠? 조금 귀찮더라도 퇴근 후 일정한 시간에 10분씩만 목줄을 하고 같은 코스로 산책을 해보세요. 다른 이들에게 짖더라도 무시하고 목줄을 당기면서 앞으로 가세요. 규칙적이 되면 매일 그 시간 그 장소에 변을 보게 됩니다. 배변 봉투 준비하시구요.

조금씩 시간을 늘려주시고 간혹 장소를 바꿔보는 것도 좋습니다. 때로는 애견카페에 가서 다른 반려견들과 같이 풀어 놓는 것도 도움이 됩니다. 우리 아이를 나만 아는 바보로 만들지 마세요. 「순돌이」와 여유롭게 산책하는 모습' 생각만 해도 흐뭇하지 않을까요?"

Tip

개과의 동물이 인류에게 가축화 될 수 있었던 것은 무리를 지어 사는 사회성이 그 한몫을 했습니다. 본능이 그런데 혼자만 지내야 하니 원치 않는 행동이 나올 수밖에 없지 않을까요?

에피소드 3. "제가 집에 들어가면 오줌을 지려요!."

"종일 직장에 있다가 퇴근해서 들어가면 너무 좋아해서 오줌을 막 지려요"

"허허, 집에 들어가실 때 보호자분의 행동은 어떠하신가요?"

"그야 종일 혼자 집에 있다가 제가 오니 반가워서 꼬리치는데 저도 이름 부르며 안아주고 그러죠."

"사람도 너무 좋거나 놀라면 실수하게 되죠. 사람에게선 요실금이 노인성 질환이지만 개에게는 잘 발생하지 않습니다. 사지보행을 하기 때문에 중력의 영향을 덜 받죠. 그러나 너무 흥분한다면 얘기는 달라집니다."

"그럼 교정은 가능한가요?"

"네 물론 가능합니다. 먼저 집에 들어가면 반려견의 행동이 잠잠해 질 때까진 무시하시고 할 일을 하세요. 잠잠해지면 그때 잠깐 이름을 부르며 쓰다듬어 주세요.
그리고 조용히 앉아서 기다린다면 조그만 간식을 하나 주세요. 반복적으로 2-3일만 해준다면 보호자가 들어갔을 때 간식을 먹기 위해 그 앞에서 조용히 앉게 됩니다. 중요한 건, 원하는 행동을 했을 때 반드시 보상을 해주세요. 그게 대화입니다."

에피소드 4. "울 애기는 분리불안이 너무 심해요!"

"외출하고 집에 들어가 보면 거의 난장판을 만들어 놓거나 문을 다 긁어서 심할 경우에는 발 패드가 다 벗겨져 피범벅이 되어 있기도 해요. 때론 너무 짖어서 옆집에서 민원을 제기할 정도랍니다. 방법이 없을까요?"

"왜 없겠습니까! 우선은 보호자가 나가실 때가 중요합니다. 장난감이나 보호자의 체취가 묻어있는 옷 한 벌 정도는 곁에 두시고 하루 정도는 시간을 내셔서 교육을 해봅시다. 나가실 때 막 짖는다면 바로 들어가지 마시고 잠잠해 지길 기다리세요. 조용하다면 들어가서 안아주지 마시고 조그만 간식을 하나 주면서 칭찬을 해주세요.
이런 행동을 반복하시면 됩니다. 결국은 조용히 하면 간식을 준다는 것을 인식시켜 주시는 게 교육의 목적입니다."

"어휴 저는 직장이 바빠서 그럴 여유는 없는데 어쩌죠?"

"그럼 일차적으로 약물요법을 추천합니다. 대체로 사람에서와 같이 항우울증약을 처방하게 됩니다. 평소 좀 졸리게 되지요. 1달 정도 처방해 보면 됩니다."

"그래도 안 되면 어떻게 하죠?"

"아마 약물 요법으로 벽을 긁어대며 나타나는 상해는 줄겠지만 짖음에 대해 해결이 되지 않고 주변 공동체 생활에 피해가 많이 간다면 성대수술을 권장합니다. 좀 안쓰럽긴 해도 소음이 나질 않으니 주변에서 민원은 없을 겁니다. 반려견에게 시간을 내서 교육을 해주는 것이 바람직하지만 그럴 상황이 되지 않는다면 어쩔 수 있나요."

2. 질병으로 나타날 수 있는 행동 사례

에피소드 5. "울 애기가 토하고 설사해요!"

"말이 안 통하니 어디가 어떻게 아픈 줄 알 수 있나요?
거의 모든 병증에서 구토와 설사는 나타납니다. 이러한 증상은 평소 비교적 건강했다면 우선은 생체 방어기전이라고도 볼 수 있습니다.

동물은 일단 병고가 생기면 먹질 않습니다. 어떤 자연주의자는 아플 때는 생체의 모든 걸 비우고 치유의 시간을 갖는다고 하는데 나름 일리가 있다고 생각합니다. 이물 등을 빨리 내보내기 위해 위장관의 운동이 빨라집니다. 역시 비워야 행복해 지나 봅니다.

건강하게 잘 놀던 아이가 갑자기 밥을 안 먹는다면 뭔가 이상이 있겠죠!. 그럴 때 반려견들은 구석 어두운 곳으로 들어가게 됩니다. 나름 쉴 공간을 찾습니다. 모든 생체에는 항상성이 있어서 가벼운 질환들은 쉬는 것만으로도 원 상태를 찾습니다. 성장한 개과의 동물들은, 일주일에 1~2회 정도의 구토와 설사는 1일 정도의 절식만으로도 항상성을 유지할 수 있습니다. 그러나 그 이상으로 나타난다면 빨리 병원으로 오셔야합니다."

에피소드 6. "교배도 안 시켰는데 배가 부른 것 같고 젖도 나와요!"

"사람에게는 상상임신이 있습니다. 사람은 28일을 주기로 성주기가 이어지지만 개과동물은 6-10개월 간격으로 성주기가 발생합니다. 한번 발정기가 오면 통상 20일정도가 유지됩니다. 나머지 기간은 난소가 휴지기에 들어가게 됩니다.

그러나 개과의 동물은 발정전기가 시작되면 난소에서 에스트로겐을 분비해서 난자를 성숙시키고 통상 10-14일째에 배란을 하고 그 자리에 황체가 형성되어 임신을 유지하는 프로게스테론을 분비하게 됩니다. 임신의 유무와 상관없이 기능성 황체기가 60일 정도를 가기 때문에 임신이 되지 않더라도 임신기과 유사한 증상이 나타납니다. 유선이 발달하기 때문에 젖도 나오고 배도 부른 듯 보입니다.

기능성 황체기가 끝나는 60일경이면 자연스럽게 사라집니다.

그러나 6세 이상부터는 관심을 가져야 합니다. 발정기가 끝나는 20일 후부터 외음부에서 혈액이나 농이 나오며, 배가 불러오고, 열이 있는지 음수 섭취량이 늘고 따라서 소변양이 많아지고, 구토 등이 동반된다면 자궁축농증의 가능성이 높으므로 병원을 찾으시는 게 좋습니다. 주로 초음파와 혈액검사로 확진이 가능합니다."

에피소드 7. "평소에 잘 놀다가 한쪽 뒷다리를 가끔 절어요!"

"침대에 오르락내리락 하더니 갑자기 뒷다리 한쪽을 들고 다녀요. 왜 그러죠?"

"대체로 소형견(6kg이하)종에서 갑작스런 뒷다리 파행은 무릎관절의 슬개골 탈구증상인 경우입니다. 뒷다리를 당겨보면 무릎 쪽에서 투둑 하는 소리를 들을 수 있습니다. 통상은 촉진으로도 진단이 가능하며 탈구 시 통증으로 인해 들고 다니는 경우가 많습니다. 탈구 정도에 따라 4등급으로 분류할 수 있으며 탈구의 원인감별을 위해 방사선 촬영을 하게 됩니다. 물론 엉덩이 관절까지 촬영하여 엉덩이 관절의 이상 유무도 판단하게 됩니다."

"꼭 수술을 해야 하나요?"

"통증을 느끼지 않고 보호자도 문제성을 못 느낀다면 굳이 하지 않아도 됩니다. 발바닥이 미끄럽지 않게 바닥에 패드를 깔아준다거나 발바닥 미용을 잘 해주는 게 도움이 되고 다만 향후에 퇴행성 변화를 가져온다면 수술을 해주는 것이 도움이 될 겁니다. "

제 4 장
질문표에 의한 행동상담

Ⅰ. 질문표에 의한 행동상담

학습목표

1. 반려동물의 행동학적 문제의 원인에 대해 이해한다.
2. 질문표를 이해한다.
3. 질문표를 이용하여 보호자와 상담을 하고 문제점을 파악한다.

1. 행동학적 문제의 원인들

행동상담에 들어가기 전에 반려동물이 가지고 있는 근본 질병에 대해 확실하게 배제를 하기 위해 기본적인 진단적 검사와 꼼꼼한 신체검사를 실시하는 것이 매우 중요하다. 예를 들어, 만약 고양이가 비뇨기계 질병이나 당뇨가 있다면 집안을 어지럽히는(housesoiling) 행동학적 문제에 대해 행동학적 교정만으로는 만족할 만한 결과를 얻기 힘들다. 수의학에서는 다양한 종류의 질병들 때문에 반려동물들이 바람직하지 않은 행동학적 증상 (문제점)들을 보이게 된다.

행동학적 증상들은 질병의 경과의 결과로서 혹은 원발적인 행동학적 문제들로 인해서 아니면 이러한 두 가지의 원인의 복합적인 결과로 나타날 수 있다. 품종소인을 충분히 고려하여 질병적인 원인에 의해 행동학적인 문제들이 일어나는 경우를 확실히 배제하여야 한다. 어린 반려동물에서 행동학적인 문제를 일으키는 경우는 선천성 질환이 가장 흔한 질병적 원인이 되는 반면 나이가 증가하면서 흔하게 행동학적 문제들을 일으킬 수 있는 질병들은 호르몬성 질환, 관절염, 면역계 이상, 감각기관의 퇴화, 종양 및 노령성 장기의 장해 (예, 퇴행성 뇌질환)를 포함한다. 그러므로, 반려동물이 이상 행동을 보였을 경우에는 반드시 근본적인 질병이 있는지의 여부를 확인하여야 한다.

반려동물에게 질병적 문제가 없다면 대부분의 행동학적 문제들은 보호자가 자신의 반려동물의 정상적인 행동을 잘못 조절하고 관리한 때문이다. 예를 들어, 정상적인 행동이지만 일반적으로 사람들이 잘 못 받아들이는 행동들은 음식과 장난감에 집착하는 행위, 집에 들어오는 낯선 사람에 대한 방어적인 공격행위, 바닥을 파는 행위, 물건을 씹는 행위, 집단 내 공격행위 등이 있다.

2. 행동상담을 하기 전 준비

행동상담은 행동학적 문제점들에 대해 광범위한 지식과 이해가 필요로 하므로 사전 준비 없이 진행하는 것은 어렵고 비효율적이다. 또한, 체계 없이 사전 정보를 수집하는 것은 매우 시간이 많이 걸리고 소모적이다. 그러므로 미리 병력에 대한 질문표를 보호자에게 주고 사전에 작성하게 하고 그 질문표를 충분히 읽은 후라면 실제 상담에서 중요한 부분들을 놓치지 않고 쉽게 유효한 자료들을 편리하게 수집할 수 있다. 행동상담 최소 48시간 전에 보호자가 질문표를 작성하게 하고 상담사가 실제 상담에 들어가기 전까지 충분히 상담하고자 하는 반려동물의 문제점들을 이해하는 것이 중요하다.

3. 개의 문제행동 분석을 위한 질문표 예시와 분석방법

행동상담을 위한 질문표는 각각 행동상담사마다 조금씩 다를 수 있고 기관마다 다를 수는 있지만 실제 행동상담을 효율적으로 진행하기 위해 각각 개인 및 기관에 최적화되어 형식을 만들 수 있다.

여기서는 질문표의 예시를 다음 페이지에 수록한다.

개 행동상담 질문표

성명:	일시:
주소:	
전화번호: 휴대전화_______________	집전화_____________
e Mail:	
개 이름: 품종: 성별: 나이: 체중:	
중성화 수술 여부:	
입양 시 나이:	입양 처:

A. 주요 문제점
◆ 현재 키우고 계신 개의 가장 큰 문제점은(공격성, 파괴 행위, 대소변 못 가리기, 짖기 등)?
◆ 언제 문제가 시작 되었나? 그리고 그때 개의 나이는?
◆ 무엇이 문제를 유발했다고 생각합니까?
◆ 문제된 상황들을 기술하세요 – 최초문제: – 과거 문제: – 가장 최근 문제:

◆ 문제는 얼마나 자주 일으키나요? 그리고 최근에 문제를 일으키는 횟수나 정도에 변화가 있나요?
◆ 문제가 처음 발생했을 때 집안의 변화나 개의 건강상에 어떤 변화가 있었나요?
◆ 문제를 해결하기 위해 취했던 방법들과 그에 대한 개의 반응을 기술하세요. 가장효과 적인 방법은 무엇 이었나요?
◆ 문제를 더욱 악화시킨 방법은 무엇이었나요?
◆ 문제를 해결하기 위해 약물이나 기타 식이요법 등을 사용한적이 있나요? 그때 개의 반응은?

B. 개의 문제점에 대한 상세정보

정도: 0: 무증상, 1:약간의 증상 있으나 문제안됨, 2:약간문제, 3:보통문제, 4:심한문제

증상	정도	증상이 있다면 언제부터 시작 됐는지와 그리고 구체적 행동을 간결하게 기술
1. 파괴행위 (구멍파기, 씹기 등)		
2. 음식물 훔치기, 쓰레기 뒤지기		

3. 식욕: 너무 적게 먹거나, 많이 먹거나		
4. 음식물 이외 것을 먹는 행위 - 예, 아니오. 예인경우 자신의 배변 혹은 다른 동물의 배변		
5. 계속해서 가족을 졸졸 따라다니거나 과도하게 요구하는 행위		
6. 혼자 두었을 때 불안해하거나 파괴하거나 침을 흘리는 행위		
7. 사람이나 동물을 무서워하거나 피하는 행위 - 사람인 경우: 가족, 타인 - 개인경우: 아는개, 모르는개 - 기타 동물:		
8. 어떤 상황 또는 대상(천둥, 소리)을 불안해 하거나 두려워하는 행위		
9. 위협이나 공격적 행위 - 가족, 타인 - 아는 개, 모르는 개 - 기타 동물		
10. 대소변 가리기: 대변, 소변 - 실금: 잠잘때, 흥분시, 공포시, 영역표시		

11. 과도하게 나대는 행위 – 잡아당기기, 밀치기, 점프		
12. 훈련에 응하지 않는 행위 – 앉아, 엎드려, 기다려, 이리와, 기어		
13. 명령에 따르지 않고 멋대로 하는 행위		
14. 방안의 허용되지 않은 지역이나 가구에 올라가는 행위		
15. 과도하게 짖거나 으르렁대는 행위 – 낮, 밤		
16. 사람이나 옷을 물거나 잡아채는 행위		
17. 명령을 해도 물건을 놓거나 떨어뜨리지 않는 행위		
18. 반복된 행위 – 핥기, 왔다 갔다 하기, 돌기, 불빛 쫓기, 기타		
19. 자신을 가해하는 행위 – 자신을 씹기, 몸통 빨기, 꼬리 따라 다니기		

20. 쫓아 다니기 – 사람, 동물, 사냥감		
21. 성적행위 – 마운팅, 어슬렁 거리기, 비비기		
22. 밤에 잠자다 깨는 행위		
23. 기타		

C. 개의 일상
◆ 사료의 종류와 하루 급여횟수, 급여시간
◆ 간식의 종류와 간식 주는 횟수와 시간
◆ 기타 먹이는 음식물

◆ 집에 키우는 다른 동물의 종류, 품종, 나이, 성별
◆ 집에 키우는 다른 동물들과는 잘 지내나요?

D. 개의 특성에 대한 상세정보
◆ 개가 가장 좋아하는 상은?
◆ 먹을 것으로 상을 주었을 때 가장 좋아하는 것들은?
◆ 먹는 것 이외에 상으로서 개가 좋아했던 것들은?
◆ 주로 시키는 운동은?
◆ 누가 운동을 시키고 얼마나 자주, 그리고 시간은?
◆ 개가 좋아하는 장난감은?

◆ 개가 가장 좋아하는 잠자리와 밤에 자는 장소는?

◆ 개를 가두기 위해 케이지를 사용한적이 있는지, 있다면 어떤 케이지였는지, 그리고 케이지를 어디에 두었는지요?

◆ 케이지에 가두었을 때 개의 반응은?

◆ 현재에도 케이지에 가두는지 여부, 아니오이면 언제 왜 가두는 것을 그만 두었는지요?

◆ 집에서 누가 주로 개와 함께 있는지요?

E. 아래의 명령했을 때 개가 따라 하는 정도를 안들을 때 (1) 아주 잘 따라 할 때를 (5)로 표시하세요

앉 아 ______ 앉아서 기다려(1분동안) ______ 앉아서 기다려(5분동안) ______

엎드려 ______ 엎드려 기다려(1분동안) ______ 엎드려 기다려(5분동안) ______

이리와 ______ 기어 ______

◆ 명령에 의해 개를 진정 시킬 수 있습니까? 있다면 어떻게 하는지?

F. 벌주기 아래의 벌을 준 적이 있는지와 벌을 주었을 때 개의 반응을 기술하세요
1. 물리적인 체벌(예, 때리기)
2. 소리에 의한 벌(깡통소리 내기, 싸이렌 등)
3. 초음파
4. 물 뿌리기
5. 말로 혼내기
6. 콧등잡기나 꼬집기
7. 잠시 무시하기
8. 가장 효과가 있었던 벌은?
9. 사용했던 벌 중에서 문제를 더 나쁘게 했던 벌은?
10. 벌을 주었을 때 개가 난폭해 지거나 위협을 한적이 있는지? 있다면 구체적으로 기술하세요.

11. 벌을 준 가족 구성원에 따라 개가 다른 반응을 보였는지? 있다면 기술하세요.

G. 다음의 사항에 대한 개의 반응을 적어 주세요
◆ 발톱 깎기
◆ 귀 청소
◆ 빗질
◆ 목욕
◆ 배 문지를 때
◆ 머리를 가볍게 만질 때
◆ 목거리를 잡아당길 때
◆ 이 닦을 때
◆ 약 먹일 때

◆ 끌어 앉을 때
◆ 한 바퀴 굴릴 때

H. 개를 집에 혼자 두고 나갈 때의 반응
◆ 가족이 모두 나갈 때 개를 가두고 나가는지? 가둔다면 방법은?
◆ 하루에 개가 혼자 있는 평균시간은?
◆ 개가 주로 하루 중 언제 혼자 있는지요?
◆ 가족이 나가려고 준비할 때 개는 어떤 반응을 보이는지요?
◆ 개를 호텔 또는 다른 집에 맡긴 적이 있는지요? 그때의 개의 반응은?
◆ 개가 혼자 남겨졌을 때 보였던 이상한 행동은? 이상한 행동이 시간이나 시기 그리고 누가 맨 마지막으로 나갔느냐에 따라 차이가 있는지요? 주인이 집에 돌아왔을 때 개의 반응은?

I. 개의 공격성에 대한 정보

◆ <u>아래의 공격성을 나타낸 적이 있나요?</u>

- 위협적인 행동 ________
- 으르렁거리기 ________
- 물려는 시도 ________
- 물기 ________

◆ 가장 최근에 위협적이거나 물려는 시도는 언제였나요?

◆ <u>공격성을 유발하는 요인은?</u>

- 만지기/가두기 : 으르렁댐____ 물려는 시도____ 물기____ 공격성 없음____
- 사료나 간식 먹을 때 : 으르렁댐____ 물려는 시도____ 물기____ 공격성 없음____
- 장난감 씹을 때 : 으르렁댐____ 물려는 시도____ 물기____ 공격성 없음____
- 잠자고 일어났을 때 : 으르렁댐____ 물려는 시도____ 물기____ 공격성 없음____

◆ 공격성의 정도는:

- 예방가능 _____ 약간의 상처 _____ 중간 정도의 상처 _____ 심한 상처 _____

◆ 가족들에게도 공격적인가요?

◆ 방문객에게 공격적 인가요?

◆ 특정한 사람에게만 공격적 인가요

◆ 공격성이 특정한 장소에서만 나타나나요?

◆ 물지는 않지만 위협하거나 으르렁대는 상황에 대해 기술하세요.

◆ 다른 동물에 대해 공격적인 적은 있었나요?
◆ 개가 공격적일 때 어떻게 다루었고, 그때 개의 반응은 어떠했나요?
◆ 개가 물었을 때는 어떻게 다루었고 그때 개의 반응은 어떠했나요?
◆ 공격적일 때 개의 태도는 어떠했나요(당당, 방어적, 공포 등)?

4. 고양이의 문제행동 분석을 위한 질문표 예시와 분석방법

행동상담을 위한 질문표는 각각 행동상담사마다 조금씩 다를 수 있고 기관마다 다를 수는 있지만 실제 행동상담을 효율적으로 진행하기 위해 각각 개인 및 기관에 최적화되어 형식을 만들 수 있다.

여기서는 질문표의 예시를 다음 페이지에 수록한다.

고양이 행동상담 질문표

상담 예약 날짜/시간 : 월 일 AM: PM:

〈보호자 정보〉

성함:
주소:
전화번화:
핸드폰:
이메일(email):
연락이 될 수 있는 매체(전화,휴대폰,이메일 등등):

〈가족 구성원(모두, 어린아이까지 포함) 정보〉

성함	남/녀	나이	관계(본인/자녀)	직업	집에서떨어져 있는시간(하루중)

〈행동 문제가 있는 반려 고양이의 정보〉

이름	품종	성별(중성화여부)	현재 나이	입양시 나이	몸무게

<집안의 다른 반려동물 정보>

이름	품종	성별(중성화여부)	현재 나이	입양시 나이	몸무게

반려 고양이를 어디서 입양 했나(동물병원, 애견샵, 인터넷, 유기견보호소 등등)?

입양시 분양하는 사람으로부터 입양묘의 어떤 추가적인 행동 이야기를 들었나?

어린 고양이 때의 상태를 기술하시오.

발톱제거수술을 하였나? ______ 그렇다면, 시술받을 때의 고양이 나이는? ______

실내와 실외에서 보내는 시간을 퍼센트(백분율%)로 나타내면 실내 ____%, 실외 ____%

반려 고양이의 부모나 같은 동료 고양이에게 어떤 행동 문제가 있었는가?
다음 표에 보호자께서 해결되길 바라시는 행동문제를 적으시고, 행동문제에 대한 보호자의 관심 정도를 정도 1에서 정도 10까지로 나타내시오.
(정도 1 : 아주 사소한 문제, 정도 10: 매우 심각한 문제)

주요 행동 문제	관심 정도(1~10)

이상 행동문제들에 대해 대표적인 예를 이야기 해보세요.

처음 발생한 사건에 대해서 이야기 헤보세요.(발생 날찌)

가장 최근에 발생한 사건을 이야기 해보세요.(발생 날짜)

얼마나 자주 행동 문제가 발생합니까?

이러한 행동을 감소시킬 수 있는 특별한 상황이나 여건이 있습니까?

발생의 빈도가 증가되거나/감소되거나/바뀌지 않고 그대로 남아있나요?

행동문제의 강도가 증가되거나/감소되거나/바뀌지 않고 그대로 남아있나요?

반려 고양이의 행동문제의 원인(이유)이 무엇이라고 생각하십니까?

이 문제를 해결하기 위해 무엇을 하셨나요?

만약 문제를 해결 위해 어떤 약물치료나 보조제, 의학적인 처치를 받으신 적이 있다면 기술해주세요.

가족 구성원이나 친구, 낯선 사람이 당신의 반려 고양이에 대해 두려움을 느낀 적이 있나요?

당신의 반려 고양이가 어떤 상황에서 사람이나 다른 동물을 물었던 적이 있나요?
그렇다면, 다음의 추가적인 질문에 답변해 주세요.

당신의 반려 고양이가 누구를 물었나요?

얼마나 자주 무는 경우가 생기나요?

물었을 때, 물린 사람이나 다른 동물이 의료 처치가 필요할 정도였나요?

가장 최근에 무는 경우는 언제 였나요?

이 문제를 해결하고자 상담을 받아보신적이 있나요? 있다면 누구인가요?

당신이 받은 해결방법은 무엇이었나요? 그 방법이 얼마나 효과가 있었나요?

당신의 반려 고양이를 다른 집으로 입양 보내는 것을 고려해 본적이 있나요?

반려 고양이의 안락사를 고려해 본 적이 있나요?

<집안에서의 정보>

집의 형태는 어떠한가요(아파트, 주택, 등등)?

이 집에서 얼마나 오래 사셨나요?

반려 고양이가 당신의 감독없이 실외에서 시간을 보낼수 있나요?

반려 고양이가 밤에 어디서 잠을 자나요?

가능하다면, 반려 고양이의 행동문제를 일으킬 수 있는 시발점이나 악화시킬 수 있는 집안의 어떠한 변화가 있었다면 기술해 주세요(새로 입양한 반려동물, 새로운 가족구성원, 보호자 스케줄의 변화 등등)

창문을 통해서나 실외에서 다른 고양이들을 볼 때 반응이 어떠한가요?

창문을 통해서나 실외에서 강아지 개를 볼 때 반응이 어떠한가요?

반려 고양이의 잠자는 패턴에 어떤 변화가 생겼나요?

<사료 급여 정보>

반려 고양이에게 사료로 무엇을 주시나요(사료이름, 형태, 주는양)?

반려 고양이의 하루 식사 횟수는(2번/3번/4번/자유급식)?

반려 고양이가 좋아하는 간식은 무엇입니까(간식종류/성분)?

반려 고양이의 금기 음식(주지않는 음식)이 있다면 무엇입니까?

<운동, 놀이, 환경 강화>

반려 고양이와 같이 놀이를 하십니까?
그렇다면, 어떻게 같이 놀이를 하고, 얼마나 자주 하시는지 기술해 주세요.

반려 고양이가 활용할 수 있는 횃대, 스크래치판, 높은 휴식 타워는 무슨 종류를 사용하나요?

반려 고양이가 가지고 놀기 좋아하는 장난감은 무엇인가요?

반려 고양이가 당신이 원하지 않는 행동을 할 때 당신의 반응은 어떻습니까?

<의료 정보>

반려 고양이가 가장 최근에 신체검사를 한 적이 언제입니까?

행동 문제로 인해 다른 검사를 받으신 적이 있습니까?

반려 고양이가 중성화 수술이 되어있습니까?
그렇다면, 언제 수술을 했나요?

수술한 이유가 무엇인가요? 권유로/ 행동 개선 시도/ 다른 이유

안그렇다면, 교배를 통해 분양을 하실 생각이신가요?

최근에 광견병 백신을 접종했나요?

반려견이 예전에 어떠한 질병들을 겪었다거나, 최근 의학적인 문제(관절염, 백내장, 알러지 등등)가 있었나요? 그렇다면 자세히 기술해 주세요.

최근에 치료받은 적이 있고, 약을 먹인 적이 있다면 자세히 기술해 주세요.

반려 고양이가 발작(간질)을 일으킨 적이 있었나요?

<배설 관련 정보>

리터박스안에서 반려 고양이의 행동을 기술해주세요.

다른 동물이나 사람이 있는 상태에서도 배설을 합니까?

반려 고양이는 새 것이고 깨끗한 리터박스를 즉시 사용할 수 있을까?

배설을 하며 소리를 낸 적이 있는가?

반려 고양이는 리터박스 뒷면의 수직부분에 배뇨를 할 수 있을까?

배설을 돕기 위해 샤워기나 욕조를 이용한 적이 있는가?

리터 타입을 바꾼 적이 있는가?
있다면, 그것이 반려 고양이의 배설 습관에 어떻게 영향을 주었나?

박스 번호	박스 1	박스 2	박스 3	박스 4
덮개있는/없는				
사이즈				
박스 위치				
깊이				
라이너 향				
향 라이너				
리터 타입				
리터 향				
가장 많이 사용하는 박스				
국자로 퍼내는 빈도				
리터 바꾸는 빈도				
박스 청소 빈도				
박스를 공유하는 고양이수				

리터박스 보다 다른 특정한 장소나 물건에 배설을 하였다면 다음을 기술하세요.

위치 장소 물건	배설 빈도	수평인 면	수직인 면

<목표 / 치료 처치 목적>

진료 상담 시간 중에 논의하고 싶으신 것이나, 다른 궁금한 사항이 있으시면 기술해주세요.

진료 상담을 통해서 보호자가 바라는 이상적인 성과는 어떠한 것이 있는지 기술해주세요. (예, 진료 상담을 통해서 당신이 무엇을 희망하며 무엇을 얻고 싶은가?)

제 5 장 상담 심리

Counselling Psychology

우리는 생활 속에서 다양한 문제들을 경험하는데 이런 문제들을 극복하기 위해서는 잠재력을 발휘할 수 없게 하는 조건을 해결하거나 우리가 보유하지 못한 것들을 채우고 발전시켜야 한다. 이런 과정에서 많은 사람들이 문제의 정확한 원인과 해결 방법을 찾기 위해 상담을 원하는데 이러한 상담은 반드시 특별히 훈련된 전문성을 갖춘 상담사에 진행되어야 한다. 이러한 상담과정의 이해와 적합한 상담사의 요건, 성공적인 상담을 위해 반드시 필요한 조건들과 중요하게 고려해야할 이슈들을 다루는 것이 상담심리학이다. 이번 장에서는 고객과의 효과적인 상담을 위해 이해해야 할 기본적 상담심리학의 내용을 학습하고자 한다.

I. 상담의 기본 개념

학습목표
1. 상담의 기본 개념과 구성요소를 확인한다.
2. 상담자의 적합한 자질, 태도, 신념, 행동을 숙지한다.
3. 상담심리학의 역사와 상담자의 활동 영역을 이해한다.

1. 상담의 정의

(1) 상담의 정의

도움을 필요로 하는 사람(내담동물보호자)이, 전문적으로 훈련을 받은 사람(동물행동상담사)과의 대면관계에서, 생활과제의 해결과 사고・행동 및 감정 측면의 인간적 성장을 위해 노력하는 과정이다.

1) 상담의 구성요소

내담동물보호자, 동물행동상담사, 그리고 두 사람과의 대면관계이다. 대부분의 상담이 도움을 청하는 사람과 도와주는 사람간의 양자관계에서 이루어진다. 그리고 이 관계는 전화상담을 제외하고는 다 얼굴을 마주 대하는 대면관계이다.

① 도움을 받는 사람 ………………………………………………………… 내담동물보호자
② 도움을 주는 사람 ………………………………………………………… 동물행동상담사
③ 도움을 받는 사람과 도움을 주는 사람 간의 관계 ……………………………… 상담관계

2) 변화를 위한 상담

① 상담의 결과로 과거의 생각, 느낌, 행동 등에서 변화가 이루어진다면 학습이 이루어졌다고 말할 수 있다.

② 새로운 변화로서의 학습은 당장 관찰될 수도 있고, 시간이 흐른 뒤에 나타날 수도 있다.

3) 상담과정의 내용과 목표

① 상담은 단순한 정보를 얻거나 대화를 나누는 것이 아니다. '동물의 일상생활과제의 해결 및 행동수정'이다.

② 일상생활 속의 문제가 구체적으로 해결되고, 사고방식이나 행동측면에서도 전보다 더 발전되기 위한 노력을 하는 것이다.

③ 구체적인 상담목표가 달성되기 위해서는 전문가에 의한 체계적인 조력(도움)이 필요하다.

4) 상담의 성과

① 상담에 대한 흔한 오해는 단기간에 끝나진다고 믿는 것이다. 그러나 상담은 여러 번의 면접으로 구성된 '과정'에서 이루어진다.

- 선생님, 동물행동상담은 한 번만 하는 것 아니에요?
- 내 동물이 선생님과 몇 번 만났는데 왜 아무런 변화가 일어나지 않지요?

② 간혹 한두 번의 면접으로 끝나는 상담도 있기는 하지만, 문제 해결 및 발전적인 변화가 있으려면 적어도 7, 8회 이상의 면접이 필요하다는 것이 경험적으로도 입증되고 있다.

알고가기

〈 상담의 정의 〉

✓ 상담활동의 공동주체는 동물행동상담사와 내담동물보호자이다.
✓ 동물행동상담사는 전문적 훈련을 받는 사람이다.
✓ 내담동물보호자는 조력을 필요로 하는 사람이다.
✓ 내담동물보호자의 자각확장을 이루도록 조력하는 활동이다.
✓ 내담동물보호자의 문제예방, 발달과 성장, 문제해결을 달성하는 것이다.
✓ 내담동물보호자의 삶의 질을 향상하기 위해 노력하는 활동이다.
✓ 상담은 조력과정이다.

(2) 미국 학자들이 내린 상담의 정의

상담심리학이 가장 발달되어 있는 미국의 학자들이 내린 상담의 정의를 보면, Rogers가 내린 정의는 내담자의 '내면적인 심리'의 변화를 강조하였고, Tyler와 Pietrofesa, Leonard & Van Hoose가 내린 정의에서는 상담 대상의 일상생활 과제의 해결을 포함하고 있다.

1) Rogers(1952)

① 정의 : '치료자(상담자)'와의 안전한 관계에서 내담자(고객)가 과거에 부정했던 경험을 다시 통합해 새로운 자기로 변화하는 과정'이라고 하였다.

② 강조한 점 : 자아개념의 변화를 전문적 도움의 핵심으로 보았고, 그 변화는 상담자가 조성하는 '긴장이 없는 안전한 분위기'에서 이루어진다는 점을 강조한 것이다.

2) Tyler(1969)

① 정의 : 개인적 발달의 영향으로 현명한 선택이 이루어지도록 촉진하는 것이다

② 강조한 점 : 생활과정에서의 합리적 선택을 통해 개인적 발전을 하도록 도와주는 것을 상담으로 보았다.

3) Pietrofesa, Leonard & Van Hoose(1978)

① 정의 : 내담자의 자기이해, 의사결정 및 문제해결이 이루어지도록 상담자가 전문적으로 도와주는 과정'이다

② 강조한 점 : '자기이해 → 의사결정 → 문제해결'의 상담과정을 잘 반영하고, 상담자와 내담자의 상호작용을 중요하게 생각한 것으로 해석된다.

알고가기

〈 상담의 필요성과 목표 〉

✓ 행동의 변화를 촉진하기 위해서다.
✓ 정신건강의 증진을 위해서다.
✓ 문제의 해결을 위해서다.
✓ 개인적 효율성 향상을 위해서다.
✓ 의사결정의 함양을 위해서다.

〈 George & Christiani의 상담 목표 〉

✓ 내담자의 행동변화 촉진
✓ 적응기술 향상
✓ 의사결정 향상
✓ 관계 형성과 유지능력 향상
✓ 잠재력 개발 촉진

(3) 상담자

1) 상담의 주요목표

① 1차적 목표 : 내담자가 호소하는 심리적 불편이나 증상을 경감시켜 주는 것으로 '증상 완화 또는 문제해결적 목표'라고 부른다.

② 2차적 목표 : 내담자가 내면적인 자유를 회복하고 자신이 가지고 있는 수많은 가능성과 잠재력을 발휘할 수 있도록 성격을 재구조화하여 인간적 발달과 성숙을 이루도록 하는 것으로 '성장촉진적 목표'라고 부른다.

2) 상담자의 전문적 자질

① 동물행동상담사가 상담목표들을 달성하기 위해서는 그것에 필요한 전문적 지식과 경험을 갖추어야 한다.

㉠ 상담이론에 관한 이해를 해야 한다.

- 문제해결적 목표와 관련해서 사람들이 왜 심리적 문제를 경험하는가?

㉡ 상담을 효율적으로 진행하는 방법과 절차에 관한 이해를 해야 한다.

- 문제해결적 목표와 관련해서 이런 문제를 효율적으로 해결하는 방법과 절차는 무엇인가?
- 성장촉진적 목표와 관련해서 개개인에게 어떤 잠재력과 가능성이 있는가?
- 타고난 가능성과 잠재력을 충분히 알지 못하거나 발휘하지 못하는 이유는 무엇인가?
- 각자가 자기 속에 가지고 있는 가능성과 잠재력을 충분히 드러내기 위해서는 자기와 세상을 경험하는 방식이 어떻게 달라져야 하는가?

㉢ ㉠과 ㉡을 바탕으로 한 실제 상담훈련을 경험해야 한다.

② 자질을 갖추지 않은 사람이 행한 상담은 전문적 상담이 아니다 : 우호적·지지적인 대화는 될 수 있지만 문제를 해결하고 성장을 촉진하는 전문적 의미의 상담은 아니다.

3) 상담자의 인간적 자질

① 훌륭한 상담자가 되기 위해서는 전문적 자질과 함께 인간적 자질을 갖추어야 한다.
'아는 것은 참 많은데 사람이 틀렸다'거나, '사람은 참 좋은데 머리에 든 것은 별로

없다'라는 이야기를 들어봤을 것이다. 이 말은 동물행동상담사에게 있어서 전문적 자질과 함께 인간적 자질이 동시에 필요함을 잘 나타내 준다.

② 상담은 치료이론이나 기법으로 하는 것이 아니다.

상담 이론 및 기법을 훌륭히 갖추었다고 해도 상담자가 훌륭한 인간적 자질을 갖추지 않으면 내담자가 상담을 받으려고 하지 않기 때문에 상담을 지속하기 어렵다.

③ 상담에서 가장 강력한 치료적 도구는 상담자 자신이다.

㉠ 상담자는 자신을 이해할 수 있는 만큼 내담자를 이해하고, 자신이 성장할 수 있는 만큼 내담자를 성장시킬 수 있다.

알고가기

〈 스트롱(Strong)이 본 상담자의 자질 〉

◈ 스트롱(Strong)의 사회적 영향이론

- 내담자가 상담의 효과에 대해 긍정적인 기대를 갖도록 돕는 것
- 상담은 상담자가 내담자의 태도, 행동의 변화에 영향을 주는 것을 추구하는 사회적 영향과정

◈ 스트롱(Strong)의 EAT

내담자가 상담자를 EAT를 가지고 있는 존재로 지각할 때 상담효과가 가장 좋을 것

① 높은 수준의 전문성(Expertness : E)
  - 상담자가 타당한 주장을 할 수 있는 능력을 충분히 갖추고 있는 사람 으로 보이는 정도
  - 전문성과 관련된 요인은 상담자의 학위, 자격증, 면허의 종류와 등급, 전문가 훈련을 받은 기관의 지명도, 전문적·합리적 언행전문가로서의 지명도 등

② 사람을 끄는 친근감(Attractiveness : A)
  - 친근감의 관련요인은 비슷한 출신배경, 비슷한 의견, 비슷한 언어(사투리, 억양, 단어 선택 등),
  - 상담자가 내담자를 평가하지 않는 것, 공격적이지 않고 친절한 것 등
  - 내담자에 대한 상담자의 자기노출도 친근감을 위해 중요함

③ 믿음을 주는 신뢰감(Trustworthiness : T)
  - 정직하다, 솔직하다, 비밀유지를 해준다, 진지하다, 개방적이다, 존경심이 간다, 책임감이 있어 보인다, 이기적이지 않다, 공평하다 등

◈ 스트롱(Strong)의 상담 단계

① 상담자의 EAT에 대한 내담자의 지각을 향상시킨다.

② 상담자가 내담자의 EAT에 대한 긍정적인 지각을 촉진시키는 것에 의해서 내담동물보호자의 태도와 행동변화에 영향을 미친다.

㉡ 상담자 자신이 인간으로서 겪을 수 있는 여러 가지 문제들에 대해 어느 정도 자유롭지 못하면 내담자를 객관적으로 이해하는 데 한계가 있고, 자신의 콤플렉스를 슬기롭게 극복하지 못하면 내담자를 돕는데 한계를 지닐 수밖에 없다.

㉢ 내담자에 대한 이해와 내담동물이 지닌 문제의 해결, 내담자의 행동변화 촉진 등은 동물행동상담사가 가진 전문적 지식이나 기법의 범위를 넘어서서 상담자 자신의 인간 됨됨이와 삶에 대한 태도, 그리고 끊임없이 자기를 향상시키려는 노력에 바탕을 두고 있다. 이런 의미에서 인간으로서의 상담자는 그가 가진 전문적 지식 및 경험과 더불어 상담에서 가장 중요한 치료적 도구들 중의 하나이다.

(4) 내담자

1) 호소문제

상담을 받는 사람이라고 해서 다 심각한 문제가 있는 것은 아니다. 자신이 당면한 문제를 스스로 감당하기 힘들거나 해결하기 어려워 전문가의 도움이 필요하다면 전문가의 도움을 받을 수 있다.

2) 상담에 오는 과정

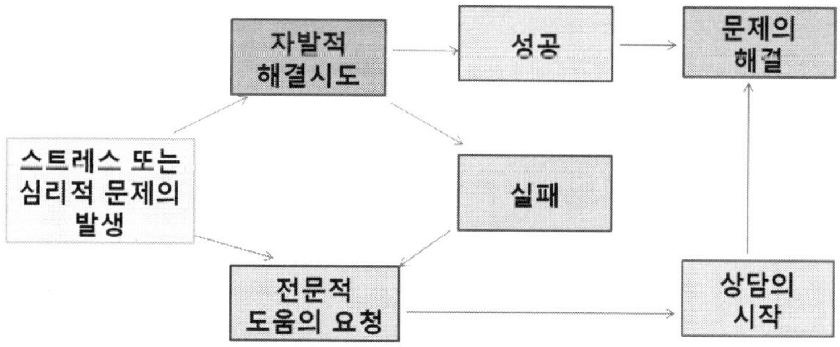

그림 5-1. 상담에 오는 과정

〈이장호, 상담심리학의 기초, 학문사, 33page에서 인용〉

(5) 상담의 기본원리

1) 웰펠(Welfel)과 패터슨(Patterson)이 본 효과적인 상담의 기본원리

웰펠(Welfel)과 패터슨(Patterson)은 상담자로서 그동안의 경험과 연구결과를 바탕으로 효과적인 상담의 기본원리의 내용을 제안하였다.

① 효과적인 상담을 위해서는 상담자가 사회적・문화적 맥락에서 인간행동을 철저히 이해하고, 내담자의 특별한 문제와 환경에 그러한 지식을 적용할 수 있어야 한다는 것이다.

② 성공적 상담의 정의로서 내담자가 원하는 상담의 궁극적인 목적은 내담자가 만족하다고 생각하는 어떤 변화를 달성하도록 내담자를 조력하는 것이다.

③ 내담자 변화의 근간은 상담자와 내담자의 긍정적 관계로 상담자와 내담자의 긍정적인 관계, 조력관계의 질은 내담자의 성숙을 위한 분위기를 제공하는데 가장 의미 있는 요인이라는 것을 강조한다.

④ 강렬한 상담경험이 상담자와 내담자 모두에게 정서적으로 강렬한 영향을 준다.

⑤ 상담과정에서 적극적 파트너로서의 내담자의 중요성을 강조함으로써 효과적인 상담은 내담자가 상담자와의 상호작용에 의해 촉진되는데 자기노출, 자기직면, 모험하기 등에 적극적으로 참여하겠다는 내담자의 다짐에 기반을 두고 있다는 것이다.

⑥ 기본적인 전문적 책임감으로의 윤리적 행위로써 상담전문직의 윤리강령은 상담자가 내담자의 최선의 이익을 가장 높은 우선순위에 둘 것과 전문직을 위한 행동강령의 모든 절차를 따를 것을 요구하는 것이다.

2) 상담자의 신념과 태도

상담자는 내담자와 함께 하는 참여적 관찰자이며 촉진자이다. 상담자가 가진 신념과 상담에 임하는 태도는 내담자에게 영향을 준다. 이런 점에서 상담에 임하는 상담자의 신념과 태도는 다음과 같아야 한다.

① 변화에 대한 확신을 가져라

㉠ 상담자는 내담자의 변화를 위한 조력자이다.

㉡ 변화의 조력자가 변화가 일어날까 하는 의구심을 갖고 상담에 임한다면 그것은 상담자의 자기기만이며 상담자가 스스로 상담자이기를 포기한 것이다.

ⓒ 상담자가 상담활동을 통한 변화에 대해 확신이 없다면 다른 직종으로 전문성을 바꾸어야 한다.

ⓓ 상담자는 확고한 변화에 대한 믿음을 바탕으로 변화모델을 개발하여 내담자에게 적용할 수 있어야 한다.

② 윤리적 책임감을 인식하여라.

ⓐ 상담전문직을 유지하는 핵심 중 하나는 비밀유지라고 할 수 있다.

ⓑ 상담자가 특별한 경우를 제외하고 내담자를 위해 비밀유지를 지키는 것은 중요한 윤리적 책임이다.

ⓒ 상담자는 내담자에게 피해를 줄 수 있는 자신의 언행에 대한 책임감을 인식하는 것이 중요하다.

ⓓ 상담자는 상담이 진행되는 중에 내담자와의 이중관계(예–성관계, 금전거래 등)를 해서는 안 된다.

ⓔ 상담자가 내담자에게 제대로 도움을 주지 못하고 있다면 상담관계를 종결하거나 다른 상담전문가에게 기꺼이 의뢰하는 것이 요구된다.

③ 자각을 확장하라.

ⓐ 상담자는 끊임없이 자신을 이해하기 위해 노력해야 한다.

ⓑ 상담에서 제기되는 많은 문제는 가치와 관련되어 있기 때문에 상담자는 내담자와 가치의 문제로 갈등을 겪는 경우가 많다.

ⓑ 상담자가 자신의 장점과 약점을 인식하는 것도 중요하다.

ⓓ 내담자가 제기하는 어떤 문제에 자신도 모르게 민감하게 반응하는지 아니면 반응을 회피하는지 알아차려야 한다.

ⓔ 소크라테스가 지적한 것처럼 상담자는 '상담자여, 너 자신을 알라'라는 말을 자문하며 끊임없이 자각의 확장을 이루어야 한다.

④ 본보기를 보여라.

ⓐ 상담활동은 학습과 재학습을 위한 활동이라고도 한다.

ⓑ 내담자의 변화를 위해서는 상담자가 내담자에게 하는 수많은 말보다 행동이 훨씬 더 강력하다.

ⓒ 반두라(Albert Bandura)가 많은 연구를 통해 관찰학습의 효과를 보인 것처럼 상담자는 내담자에게 모든 면에서 직·간접적으로 영향을 미치는 모델이다.

㉣ 상담자는 상담회기 이외에도 책임 있는 생활인으로서 활동하는 것이 요구된다.

㉤ 상담회기 중에 필요한 경우에는 상담자는 역할연습을 통해 내담자에게 본보기 역할을 할 수 있어야 한다.

⑤ 내담자를 위해 함께 함을 보여 주어라.

㉠ 상담자가 가져야 할 내담자에 대한 태도로서 자주 강조해야 하는 말은 '나는 언제나 당신 편이예요'이다.

㉡ 내담자는 상담자가 자기를 어떻게 대하는가를 관찰하며 상담자에게 반응한다.

㉢ 상담회기 중에 상담자는 신체언어와 태도를 통해 내담자를 위하여 존재함을 보여 줄 수 있어야 한다.

㉣ 내담자에게 전적으로 관심을 기울여 상담에 임하는 태도를 습관화해야 한다.

㉤ 상담자는 내담자에게 집중해서 관찰하고 경청하는 습관이 필요하다.

3) 내담자의 이해와 문제파악

상담자가 내담자의 문제파악을 정확히 하는 것은 상담목표의 달성과 관련하여 매우 중요하다. 내담동물보호자의 문제를 해결하기 위한 몇 가지 상담 원리는 다음과 같다.

① 적극적 경청을 하라.

㉠ 상담에서 무엇보다 중요한 것은 상담자의 경청이다. 경청만 잘해 주어도 내담자의 문제가 해결되기 때문이다.

㉡ 펄스(Fritz Perls)는 '경청 대 싸움'을 강조하였다. 누군가의 말을 잘 경청하면 그를 이해하기 때문에 싸우지 않게 되지만, 상대방의 말을 잘 경청하지 않으면 그를 이해하지 못하기 때문에 싸우게 될 수도 있다는 뜻이다.

㉢ 적극적 경청이란 귀와 눈을 가지고 내담자의 음성언어와 신체언어를 이해한다는 의미로 상담자는 음성언어보다 신체언어를 훨씬 더 신뢰한다.

㉣ 상담자는 적극적 경청을 통해서 내담자를 잘 이해하고 공감해 줄 수 있다.

② 내담자의 이해를 위해 '반복'이란 말을 명심하라.

㉠ 내담자의 문제파악을 위해 인간의 3가지 체계인 감정, 행동, 생각의 반복을 이해하는 것이 중요하다. 우리는 어떤 행동을 반복하는 것처럼 어떤 감정과 생각을 반복하며 살아간다.

㉡ 내담자가 호소하는 문제 중 반복해서 나타나는 부적절한 감정을 확인하라 : 건강

한 사람에게 불안은 건설적이고 촉진적인 기능을 하지만, 건강하지 못한 사람에게 불안은 원만한 관계와 수행에 역기능적으로 작용한다.

㉣ 생각의 반복을 살펴보라. 부적절한 생각의 반복도 습관이다. 엘리스가 지적한 것처럼 합리적 생각의 반복은 합리적 정서와 행동을 야기하고, 비합리적 생각의 반복은 비합리적 정서와 행동결과를 초래한다.

글레이서(Glasser)가 제안한 성공정체감과 실패정체감도 개인이 겪는 경험에서 비롯된 자신에 대한 생각이다. 성공정체감을 가진 사람은 습관적으로 긍정적이고 건설적인 생각을 하는 반면 실패정체감을 가진 사람은 습관적으로 부정적이고 파괴적인 생각을 한다.

㉤ 상담자는 내담자가 갖는 부적절한, 자기 파괴적, 부정적 감정, 행동, 생각을 적절한, 건설적인, 긍정적 감정, 행동, 생각으로 바꾸기 위해 노력한다.

③ 경험을 통한 육감을 발달시켜라.

㉠ 상담은 경험을 강조하는 학문이다. 상담자는 내담자의 문제를 파악하는데 있어 끊임없이 '정말 이것이 내담자의 문제인가?'라는 자문을 해야 하고, 다양한 접근방식을 통해 내담자를 정확히 평가하고 진단해야 한다.

㉡ 상담자는 내담자와의 많은 상담경험을 통해 실천적 전문가가 된다. 구체적인 어떤 문제 영역에서 내담자와의 많은 경험은 상담자의 육감을 발달시킨다.

㉢ 내담자가 보이는 감정, 행동, 생각을 바탕으로 충분한 준거들이 수집되었을 때 상담자의 육감은 지지된다. 육감을 지지할 준거들이 불충분할 때 가설은 폐기된다.

4) 내담자 조력활동

동물행동상담는 내담동물보호자의 문제 파악을 정확히 한 후에 문제해결을 위한 조력활동을 한다. 동물행동상담사가 내담동물보호자를 어떻게 조력할 것인가는 동물행동상담사의 이론적 관점과 그의 지식과 경험수준에 따라 차이를 보인다. 여기서는 동물행동상담사가 어떤 접근방식을 취하는가에 관계없이 일반적으로 내담자를 효과적으로 조력하기 위해 상담자가 유념해야 할 내용을 살펴보면 다음과 같다.

① 경험을 통해 느끼게 하라.

㉠ 내담동물보호자의 문제는 내담동물보호자가 문제에 직면함으로써만이 해결할 수 있다.

㉡ 내담동물보호자의 문제는 대부분 주입된 가치로 인한 경험의 결여와 관련되어 있는데 주입된 교육이 문제인 것처럼 주입된 가치가 문제이다.

㉢ 내담동물보호자가 겪는 부적절한 감정은 대부분 그가 진실로 경험하지 않고 형성된 것과 관련된다.

㉣ 로저스(Cal Rogers)는 '경험은 나에게 최고의 권위다'라고 하여 경험의 중요성을 강조하였다.

② 자신의 인간관과 성격에 부합한 상담이론을 개발하라.

최근 많은 동물행동상담사들은 자신의 상담접근방식이 다양한 상담이론들을 절충한 입장이라고 한다. 초보 동물행동상담사들은 어떤 상담이론을 열심히 배워야하는지 혼란스러울 수 있다. 이러한 혼란을 피하기 위해 다음과 같은 절차에 따라 자신의 상담이론을 개발하라.

㉠ 주요한 상담이론을 섭렵하라 : 주요한 상담이론은 내담동물보호자의 변화를 위해 효과가 있다고 입증된 이론이다. 따라서 이론이 갖는 인간관, 상담기법, 장단점 등을 철저히 이해하는 것이 중요하다.

㉡ 자신의 인간관과 성격에 대해 이해하라 : 상담의 주체로서 동물행동상담사는 자신의 이해를 철저히 해야 한다. 주요한 상담이론들은 개발자의 인간관과 내담동물보호자와의 경험에서 비롯되었다. 상담이론을 개발하려 한다면 먼저 자신에 대한 이해가 이루어져야 한다.

㉢ 자신의 인간관과 성격에 부합한 상담이론을 개발하라 : 자신의 성격에 부합한 상담이론을 보다 철저하게 학습해 적용하면서 자신의 독특한 상담스타일을 개발하는 것이다.

③ 상담면접기법을 숙달하라.

㉠ 상담은 과정을 강조하는 학문이다.

㉡ 상담과정은 동물행동상담사가 내담동물보호자에게 하는 반응기법에 따라 좌우된다.

㉢ 동물행동상담사는 자신의 상담이론 입장과 관계없이 상담면접에서 하는 모든 반응에 대한 철저한 이해와 숙달이 필요하다.

④ 상담기법적용의 적절한 시점인가를 파악하라.

㉠ 동물행동상담사가 어떤 반응과 기법을 언제 사용하며 내담동물보호자를 조력할 것인지 결정하는 것은 매우 중요하다. 많은 경험을 가진 상담전문가들은 상담이나 심리치료의 예술을 강조하는데 상담전문직이 과학이면서 예술임을 강조하는 이유는 기법적용의 시점과 관련된다. 효과적인 동물행동상담사는 전체적인 조망 속에서 조화의 미를 창조해내는 예술가처럼 상담기법 적용의 적절한 시점을 파악하여 내담동물보호자를 조력한다.

㉡ 동물행동상담사들은 일반적으로 충분한 지지를 바탕으로 내담동물보호자와의 상담관계가 형성된 후에 직면기법을 사용할 것을 권장한다.

㉢ 동물행동상담사가 어떤 반응기술이나 상담기법을 적절한 시점에 사용할 것인가를 터득하기 위해서는 내담동물보호자와 상담경험을 많이 하는 것이 최선이다.

㉣ 상담회기를 녹음하여 자신의 반응이 적절한 시점에서 바람직하게 이루어졌는가를 확인해보도록 하라. 이러한 노력이 힘들게 느껴질 수 있지만 자신의 상담기술 향상을 위해 가장 좋은 피드백을 제공한다는 것을 명심하라.

⑤ 현재 진행되는 경험을 다루어라.

㉠ 대부분의 동물행동상담사들은 지금-여기(Here And Now)를 강조한다. : 현재 내담동물보호자에게 진행되는 경험을 강조하는 것은 동물행동상담사가 내담동물보호자의 모든 문제를 현재로 가져와서 다룬다는 것을 의미한다.

㉡ 내담동물보호자가 과거에 가졌던 중요한 일들이나 미래에 일어날 일들을 현재로 가져와 경험하게 하는 것이다. 내담동물보호자가 기억하고 있는 사건들이 과거에 일어났지만 여전히 그에게 영향을 주고 있다면 그것은 기억 속의 현재이고, 내담동물보호자가 기대하는 미래의 일들이 그에게 아직 일어나지는 않았지만 그에게 영향을 주고 있다면 그것은 기대 속의 현재이기 때문이다.

⑥ 내담동물보호자를 끊임없이 격려하라.

㉠ 대부분의 내담자는 낙담하여 좌절한 상태에서 상담소를 찾아와 희망이 없다고 포기한 상태에서 조력을 요청한다. 아들러 학파인 드레이커스(Dreikurs)는 '식물이 물이 필요하듯이 인간에게는 격려가 필요하다'라고 하여 격려의 중요성을 강조하였다.

㉡ 격려란 내담자에게 아무리 힘이 들더라도 용기를 잃지 않도록 북돋는 것이다. 아무리 힘들어도 포기하지 않고 헤쳐 나갈 수 있다는 용기를 심어주는 동물행동상

담사의 격려는 내담동물보호자에게 가장 필요하다.

⑦ 구체적인 상담목표를 설정하라.

㉠ 동물행동상담사와 내담동물보호자는 구체적인 상담목표를 설정하여 내담동물보호자의 문제해결을 위해 노력한다.

㉡ 내담동물보호자가 상담을 통해 달성하고자 하는 구체적인 목표가 무엇인지 확인한 후 동물행동상담사는 상담에 대한 내담동물보호자의 바람을 바탕으로 내담동물보호자와 함께 달성할 단기목표와 장기목표를 설정한다.

㉢ 동물행동상담사는 상담목표를 달성하는데 걸리는 시간제한을 설정하여 상담을 해야 한다. 내담동물보호자와의 계약을 바탕으로 시간제한을 두어 상담을 하는 것이 내담동물보호자의 동기유발을 촉진하여 상담목표를 달성하는데 보다 효과적이기 때문이다.

(6) 상담의 기능

1) 교육적 기능

내담자 또는 내담동물의 행동을 바람직한 방향으로 변화시키기 위한 전문적 조력 과정으로 정의된다는 점에서, 상담을 학습과정, 재교육과정, 사회화 과정으로 보는 입장에서는 상담의 교육적 기능이 더욱 강조된다.

2) 진단적 · 예방적 기능

내담자와 내담동물의 적응력을 신장시키고 성장가능성을 촉진시키기 위해 부적응 행동의 원인을 진단하고 그 원인을 제거하기 위한 상담기법이 필요하다. 따라서 상담의 진단적 · 예방적 기능은 상담문제해결과 부적응 예방을 위한 필요조건이라 할 수 있다.

3) 교정적 기능

어떤 내담자는 '아무것도 할 수 없다'라는 그릇된 의식을 가짐으로써 성장이 지체되고 있는 경우가 허다하다. 이와 같은 경우 상담은 '생각 바꾸기', '마음 고쳐먹기'와 같은 하나의 교정적 과정을 나타내게 되는데 이때의 상담목표는 인간적 성숙이다.

4) 치료적 기능

상담의 목표가 '성장을 저해하는 장애물이 있을 때는 언제나 이를 제거하고 극복하여 인간자원의 최적발달을 성취하도록 개인을 도와주는 것'이라고 할 때 치료적 기능은 상담의 기본적 기능에 속한다.

2. 상담심리학의 발전과정

(1) 상담심리학의 역사구분

상담이란 인간이 사회집단을 이루어 생활하기 시작한 고대시대 때부터 존재해 온 것이지만, 상담심리학이 전문적인 학문분야로서 그 정체성을 확립하기 시작한 것은 1950년대 초반부터라고 할 수 있다.
그 후로 상담심리학은 비약적인 발전을 이룩하여 심리학 내에서 유력한 전문응용분야의 하나로서 확고한 학문적 정체성과 전문성을 확립하게 되었다. 이 책에서는 상담심리학이 확립된 1950년대 초반을 기점으로 하여, 그 이전의 시기를 상담심리학의 태동기로, 그 이후의 시기를 전문적 상담심리학의 발전기로 구분하여 상담심리학의 발전과정을 살펴볼 것이다.

(2) 상담심리학의 태동기

1) 상담심리학의 기원

상담심리학의 역사를 이야기하기 위해서는 과학으로서의 심리학의 기원에서부터 시작하는 것이 바람직할 것이다. 상담심리학의 이론적 바탕의 출발은 1879년 독일 라이프치히 대학에 심리학실험실을 처음 차린 분트(Wundt)의 연구에서부터 찾을 수 있다(Boring, 1929).

① 분트(Wundt)의 실험심리학

㉠ 분트의 실험실에서는 주로 감각과 지각에 관심을 가지고 연구를 하였다.

㉡ 분트는 자극에 대한 피험자의 내성 보고를 면밀히 기록하여 심상·감각 및 관념의 자료가 어떻게 의식과정으로 연합되는가를 연구하였다.

㉢ 연구의 의의 : 인간의 의식과정 또는 정신의 구조를 최초로 실험적으로 접근하려 했다는 점이다.

② 왓슨(Watson)의 행동주의 심리학

㉠ 1912년 미국에서 왓슨의 행동주의가 일어나면서 의식과정의 연구는 '영혼'의 개념처럼 접근할 수도 없고 증명할 수도 없는 막연한 것이라는 비판을 받게 되었다.

㉡ 내면적 경험과정에 대한 피험자의 주관적 보고에 의존하는 것은 비과학적이라는 비판이 대두되었다.

㉢ 행동주의적 관점에 의하면 인간의 어떤 현상이라도 그것에 과학적으로 접근할 수 없으면 의미가 없는 것이다.

㉣ 행동주의에서는 체계적 관찰 및 엄격하게 통제된 실험을 통해 관찰과 측정이 가능한 행동을 연구하는 것이 과학으로서의 심리학의 본업이며 인간을 제대로 이해하는 길이라고 주장한다.

③ '의식적 경험과정이냐 아니면 관찰되는 행동이냐' 는 문제와 관련한 이 초창기 심리학자들 간의 분열은 심리학의 여러 분야에 걸쳐 심대한 영향을 미쳤다.

④ 상담심리학 분야에 미친 영향

상담자들에게는 '내담자의 감정·지각·관념 및 의식의 내용과 표현을 주로 다루어야 할 것인가? 아니면 '내담자의 반응, 학습과정 및 수량화할 수 있는 행동에 초점을 둘 것이냐'는 문제가 지금까지도 계속 논란거리로 남아 있다.

2) 상담심리학의 이론에 영향 미친 역사적 전조

상담심리학의 이론적 발전에 영향을 미친 역사적 전조로서 빼놓을 수 없는 것은 프로이드와 그의 추종자들에 의한 정신분석의 발전이다. 상담과 심리치료 분야에서 차지하는 정신분석의 위치는 정신분석 그 자체의 중요성도 중요하지만, 그 이후 상담 및 심리치료이론의 발전에 지대한 영향을 미쳤다는 데서도 찾을 수 있다. 이 장에서는 프로이드의 정신분석과 로저스를 필두로 한 인본주의 심리학에 대해서 살펴보겠다.

① 프로이드(Freud)의 정신분석(1896)

㉠ 무당, 성직자, 외과의사에게 맡겨져 오던 '정신의 병'에 대한 체계적인 심리학적 방법이 사용되기에 이르렀다.

㉡ 정신병자를 지옥과 같은 수용소에 방치해 두던 풍토에서, '무의식적 갈등의 분석'을 통해 '마음의 병'이 고쳐질 수 있다고 믿게 되었다.

㉢ 프로이드는 신경증의 원인과 치료에서 심리적 요인의 중요성을 최초로 강조하여 상담 및 심리치료 이론의 발전에 공헌한 바가 크다.

② 로저스(Rogers)의 인본주의 심리학(1942)

㉠ 정신분석이 비인간적·지시적 접근이라고 비판하였다. 내담자는 자율능력이 있는 전인적 존재이기 때문에 분석 및 해석이 아닌 비지시적 방법으로 대해야 한다고 주장했다.

㉡ 정신분석에서 주로 사용하던 '환자, 정신질환' 등과 같은 개념보다는 '내담자', '자기 실현' 등과 같은 비의학적이고 인간중심적인 개념들이 사용되기 시작하였다.

㉢ 내담자의 문제 및 증상의 치유보다는 근본적으로 인간이 지니고 있는 신뢰성과 자기 실현적 속성이 발휘되도록 촉진해야 한다는 로저스의 주장은 아직까지도 많은 상담자들의 지론이 되고 있다. 로저스의 이러한 이론은 상담심리학의 기초를 닦는데 공헌하였다.

㉣ 1940년대 말과 1950년대 초에 로저스는 처음으로 자신의 '상담면접축어록'을 공개하여 상담과정을 객관적으로 연구하고 평가할 수 있도록 했다. 이 당시 로저스의 저서(Rogers, 1942, 1951)는 상담과 심리학이 통합되는 계기를 마련했다고 볼 수 있다.

3) 상담심리학 발전을 위한 계기

상담심리학의 이론적 발전에 영향을 미친 이상과 같은 역사적 전조들 외에도 상담이 오늘날처럼 독립된 전문영역으로 확대된 데에는 그 당시의 시대적·사회적 요청이 있었기 때문이다.

① 직업보도운동 전개

㉠ 20세기 초부터 미국에서는 파슨스(Parsons)와 그의 동료들을 중심으로 직업보도운동이 전개되었는데 이러한 운동이 생기게 된 주된 이유는 미국의 산업이 급

속도로 발달하면서 선택할 수 있는 직업이 다양해졌다는 점이다.

㉡ 교육수준이 높아짐에 따라 단순히 일자리를 구하기에 앞서 여러 직업에 대한 올바른 지식을 가지고 자기의 적성과 흥미에 맞는 직업을 선택하는 문제가 관심사로 등장하게 되었다.

㉢ 직업보도운동은 이후 전문적 분야로서 상담심리학이 발전하게 되는 계기를 제공해주는 배경요인으로 작용하게 되었다.

② 비어스(Beers)의 정신위생운동

㉠ 정신분열증 환자로서 자신이 경험한 수용소 생활의 비인간적 측면을 폭로하는 책이 1908년에 출간되면서 '정신위생운동'이 일어나게 된 것도 상담분야가 부각되도록 만든 촉진제의 하나로 작용했다.

㉡ 비어스의 책과 정신위생운동을 위한 그의 끊임없는 활동은 정신질환자들의 문제에 대한 일반 시민들의 자각을 불러일으키는데 크게 공헌했다.

③ 전국정신위생위원회

㉠ 비어스의 주도로 1909년에 창설된 전국정신위생위원회는 심한 성격적 장애로 입원하는 환자들의 보호 및 치료의 개선과 장애를 사전에 예방하려는 활동을 주로 전개하였는데, 성인의 장애에 대한 예방적 관심은 장애행동의 조기발견, 조기치료기관으로서의 아동생활 지도상담소 설립계획을 주도하게 되었다.

㉡ 상담소들은 그와 같은 문제에 대처할 능력이 있는 전문 인력을 필요로 하게 되었는데 이는 상담에 대한 훈련을 받은 사람들이 전문적으로 활동할 수 있는 장을 제공해 주었다는 점에서 큰 의의가 있다.

4) 심리검사

상담심리학 발전의 역사적 전조 중의 하나로 심리측정운동과 개인차에 대한 연구와 관심도 중요하다.

① 비네(Binet)와 시몽(Simon)

㉠ 19C 말 프랑스에서 활동하던 비네는 학습지진과 정신지체의 문제에 직면하여 그의 동료 시몽과 함께 지능검사를 개발하였다.

㉡ 표준화 된 개인 지능검사의 개발은 응용심리학 분야에 있어서 중요한 발전의 계기가 되었다.

ⓒ 비네로부터 이어진 심리측정 및 개인차에 대한 관심은 미국에서 직업보도운동과 맞물리면서 직업적성 및 흥미에 대한 객관적 평가의 중요성을 부각시키게 되었다.

② 육군의 업무배치방법 개발

㉠ 제1차 세계대전 당시 심리학자들이 육군 인력선별 분류위원회에서 신병들을 적절한 군 업무 분야에 충원하는 방법을 개발하는 과제를 수행하게 되었다. 주된 관심은 각 병사들의 직업적 자질을 객관적으로 평가하여 적절한 군 직무분야에 배당하는 방법을 개발하는 것이었다.

㉡ 병사들의 직업적 자질을 평가하기 위하여 집단지능검사, 면접, 평정척도 등을 개발하고, 다른 한편으로는 군 직무분야를 세부적으로 분류하는 작업을 수행하였다.

③ 성격·흥미 및 능력 개인차 측정 연구(전쟁 후)

㉠ 전쟁이 끝난 후에도 성격, 흥미 및 능력에 있어서의 개인차를 심리측정적으로 연구하고, 특정한 직업에서 요구되는 능력이나 기술을 분석하는데 주력하였다.

㉡ 이는 상담심리학의 주요 분야 중의 하나인 직업 및 진로상담이 발전하게 된 직접적인 계기가 되었다.

(3) 상담심리학의 형성기 : 제2차 세계대전과 그 영향

제2차 세계대전은 상담심리학이 독립된 전문 응용심리학 분야의 하나로 자리잡는데 결정적인 기여를 했는데 그 이유는 다음과 같다.

1) 제2차 대전을 전후로 심리적 장애가 나타나고 전쟁이 진행됨에 따라 정신과적 문제를 지닌 병사들이 증가하게 된 것이 심각한 문제로 나타나게 되었다.

2) 상담 및 임상분야에 관심을 둔 응용심리학자들이 병사들의 심리적 치료와 재활을 필요로 하는 병사들에게 전문적 서비스를 제공하는 기회를 제공해 준 것이다.

3) 전쟁 이후 퇴역군인의 사회적응과 정서적 문제의 치료 및 재활이라는 문제가 커다란 사회적 문제로 대두되면서 1952년에 상담심리학자를 위한 공식적인 조직이 결성되어 '상담심리학'이라는 명칭이 사용되게 되었다.

4) 1943년 제17분과가 상담심리학이라는 명칭을 사용하면서 상담심리학은 임상심리학 및 정신의학과 뚜렷이 구별되는 독자적인 학문적 정체성을 확립할 수 있는 계기를 마련하게 되었다. 보다 정상적인 개인들의 정서적 문제의 해결과 생활상의 적응문제, 성격평가, 다양한 개인 및 집단검사에 관심을 보이는 상담심리학이 어느 정도 학문적 정체성면에서 구분될 수 있게 되었던 것이다.

(4) 전문적 상담심리학의 발전과정

공식적인 상담심리학의 출범은 1952년에 재향군인회에 상담심리학자를 위한 공식적 조직이 결성되고, 그 이듬해인 1953년에 심리학회가 제 17분과의 명칭을 상담심리학으로 변경한 것으로부터 시작되었다.

1) 1950년대 : 상담의 급변시기

① 로저스 – 내담자 중심치료에 대한 초기 이론 확장에 중요한 3편의 저서 출간

② 행동주의 심리학자 – 심리치료에 대한 연구 및 평가방법론 발전에 중요한 공헌을 하였고, 이무렵 상담심리학에 대한 교과서들이 출간되었다.

2) 1960년대 : 상담의 양적 팽창시기

① 준박사급 상담인력이 교육장면에서 상담서비스를 제공하였다는 것이 상담자 활동의 가장 큰 특징이다.

② 상담학자의 역할에 대한 논의가 활발히 진행되어 상담심리학자의 주요역할로 치료적·예방적 및 교육적 역할이 특히 강조되기도 했다.

3) 1970년대 : 연구도구 개발 시기

① 타당하고 신뢰성 있는 연구도구들이 많이 개발되면서 더 체계적이고 생산적인 연구를 수행할 수 있게 되었다.

② 전통적인 심리치료의 효과에 의문을 제기한 아이젠크의 연구에 자극을 받아 상담 및 심리치료의 과정 및 효과 연구가 활발해졌다.

③ 상담연구의 양적팽창과 함께 질적인 면에서도 이전보다 훨씬 성장을 이루게 되었다.

④ 치료적 역할 뿐 아니라 예방적 및 교육적 역할을 강조하여 상담심리학 분야에서 행해져 온 예방분야에 괄목한 만한 성과를 주목하기도 하였다.

4) 1980년대 : 상담의 적용범위 확산 시기

① 상담방법의 측면에서 이론의 수렴화 혹은 절충적 상담방법에 대한 상담심리학자들의 선호가 눈에 띄게 증가하였다.

② 상담이 단기화로(10회 미만) 짧은 상담이 제안되었는데 미국의 보험회사들이 상담이나 심리치료에 대해서 치료비를 지불해 주지만 상담횟수를 제한하는 경우가 많기 때문이다.

③ 80년대 이후 사설상담 개업을 선택하는 상담심리학자가 급증했다.

(5) 우리나라의 상담활동

우리나라에서 상담에 대한 논의가 시작된 것은 해방과 더불어 구미의 민주적인 교육사상이 도입되고 1950년대 초 미국교육사절단이 활동하면서부터이다. 본격적인 상담활동은 중·고등학교의 교도교사 강습으로부터 시작되었다고 할 수 있다.

1) 도입과 혼란의 시기 (해방 이후 1950년대 중반)

학생문제를 훈화, 훈육, 처벌로 해결하던 일세하의 획일적 교육에서 탈피하여 상담에 대한 논의가 시작된 시기이다.

2) 개념의 모색기 (1950년대 후반～1960년대 후반)

대학에 학생생활 연구소가 창립되고, '한국카운셀러협회'가 결성되어 상담의 정체성 확립의 계기가 되었다.

3) 전문성 확립에의 노력기 (1970년대 초반～1980년대 초반)

일부에서 상담의 불필요론, 무용론이 대두되자 이에 대한 반성으로 상담자들의 자질에 대한 반성, 상담을 전문직으로 확립해야 할 필요성이 대두되고, 1972년에는 한국심리학회 내에 임상심리분과가 창립되어 1973년부터는 전문가 자격증제도를 실시하였다.

4) 상담의 확산기 (1980년대 초반 이후～1980년대 말)

각 분야에서 상담의 저변확대가 이루어진 시기이다. 정부차원에서는 처음으로 상담자원봉사자를 체계적으로 운영하여 상담인력이 부족한 학교현장에서 학생상담의 일익을 담당하면서 호응이 좋아 전국적으로 확산·실시되었다. 1987년에는 한국심리학회의 임상심리분과로부터 상담영역이 분리되어 상담심리 및 심리치료학회가 발족되었는데 이 학회의 발족으로 각종 사례발표, 학술발표, 워크샵, 연수활동, 동물행동상담사와 상담심리전문가의 자격증 수여 등 활동이 전문적으로 이루어지게 됨으로써 상담자의 자질향상을 위한 중요한 계기가 마련되었다.

5) 전문성 확립기 (1990년대 이후)

1990년대 이후부터 상담 관련 여러 분야 전문가들의 노력으로 우리나라의 상담지도 활동이 그 전문성을 확립해가는 시기가 되어가고 있다.

6) 현재의 상담

과거에 비해 현재의 상담은 점차 발전해나가고 있는 추세이다. 측정방법을 객관화하고 더욱 세분화된 분화과정을 통하여 상담의 질적 향상을 도모하고, 또한 상담에 관한 관심의 증대, 논문 수의 증가로 보아 양적인 면에서도 좋은 현상이 일어나고 있다. 오늘날의 상담은 과거보다 더 사회 전반에 걸쳐서 많이 복잡하고도 다양하기에 전문적으로 도움을 줄 수 있는 사람이 더욱 절실하게 필요하다.

알고가기

〈 상담의 발전 계보 〉

① 작업지도운동 – 상담의 기원 Frank Parsons을 중심으로 발단한 직업지도운동
② 정신건강운동 – Beers가 쓴 책 '스스로 찾는 마음' 출간(1908)
상담의 현대적 접근의 형태를 이룩하는 데 크게 기여
상담의 역할과 기능에 중요한 요소가 됨
③ 정신분석요법의 발전 – Freud의 선구적 활동으로 현대 심리치료의 영향이 나타남
④ 표준화 검사의 발달 – 객관적 연구와 과학적 조사방법, 상담의 과학화 촉진 (비네의 지능검사)
⑤ 상담심리학의 발전 – 대학, 전문직단체, 학회, 정부기관 등과 협력함으로써 더욱 발전

3. 상담자의 활동영역

상담자의 활동영역은 최근에는 교육기관뿐만 아니라, 사회 각층으로 확산되고 있다. 이러한 현상은 사회적·경제적 발전에 따라 사람들이 정신건강에 대해 관심을 가지면서 보다 전문적인 상담의 필요성을 느끼기 때문이다. 더 구체적인 이유는 다음과 같다.

① **신체적·가정적·문화적 장애에 대한 사회적 관심**이 높아진 것이다. 과거에는 학교장면에서 학생문제를 생각하기에 급급했으나 오늘날에는 신체적 장애나 가정적 문제들에 대해서도 사회기관과 정부에서 보호 및 해결책을 모색하기 시작하였다.

② **교육계 및 직업장면에서의 변화**이다. 중·고등학교 교육이 입시위주에서 점차 고도산업사회의 인력확보를 위한 잠재력 개발로 바뀌고 있고, 직업 및 기술계 전문대학이 다양하게 설립되고 있다.

이와 같이 상담자의 활동무대가 달라지면서 상담의 목적과 접근방법도 신축성을 기해야 한다. 따라서 1대 1의 대면관계에서의 문제해결만이 아니라, 집단 및 단체 소속원들을 위한 훈련·평가·자문활동도 전문적 상담자 및 상담 심리학자의 활동영역이 되고 있다. 상담자의 활동영역을 말할 때에는 상담활동의 대상, 목적 및 접근방법 등 세 차원의 배합으로 고려하는 것이 바람직하다.

(1) 동물행동상담사의 기능

위에서 언급한 바와 같이 동물행동상담사의 활동영역을 말할 때에는 상담활동의 대상, 목적 및 접근방법 등 세 차원의 배합으로 고려하는 것이 바람직하다. 예를 들면 같은 직원집단이라도 대면관계에서 문제해결을 위한 상담을 할 수도 있고, 서면 또는 녹화테이프를 통한 훈련을 할 수도 있다. 그리고 같은 개인상담도 대면 또는 통신매체를 통해 예방적 또는 문제 교정적 목적이냐에 따라 다양한 활동이 된다.

'집단'은 혈연관계로 맺어지는 가족 및 상하관계 등 친숙한 소집단과 학급 또는 생활안내집단과 같이 공통적 목적과 관심사로 모인 '연합집단'을 모두 포함한 것이다. 접근방법 중 매체이용도 서신·전화·컴퓨터·텔레비전 등이 있고, 동물행동상담사의 기능에도 상담만이 아니라 관계훈련, 사원선발 및 교육과정 등에 관한 자문·평가활동도 있다.

1) 대상에 따른 기능

① 개 인 – ㉠ 1 대 1 대면상담 ㉡ 통신매체를 이용한 개인상담

② 집 단 – ㉠ 1 대 다수 ㉡ 집단상담 ㉢ 프로그램 실시

③ 지역사회 – ㉠ 초, 중, 고등, 대학교 등의 교육기관
㉡ 산업체, 군대, 사회복지기관 등에서 활동

2) 목적에 따른 기능

① 해결 및 교정

㉠ 동물행동이 바꾸어질까 불안해서 집중할 수가 없어요.

㉡ 동물에게 화를 폭발하는 것이 조절이 안돼요.

② 예 방

㉠ 상담소에서 '동물들의 스트레스 해소 훈련' 실시한다.

㉡ 상담소에서 '동물정서조절 훈련 프로그램' 실시한다.

③ 발전 및 촉진

동물의 이상행동으로 부터 편안해지고 자유로워질 수 있는 방법을 알려주세요.

3) 접근방법에 따른 기능

① 대면(직접) 도움을 받을 수 있는 상담

대면 상담은 동물행동상담사와 내담동물보호자가 직접 만나서 하는 상담을 말한다. 대부분 내담동물보호자가 동물행동상담사를 방문하며, 경우에 따라서는 내담동물보호자가 있는 곳으로 동물행동상담사가 방문하여 상담을 진행하기도 한다. 여러 유형의 상담 중에서 가장 일반적이고 전통적인 상담진행방식이다. 동물행동상담사가 내담동물보호자를 직접 만나서 관찰할 수 있기 때문에 내담동물보호자 스스로 보고하는 내용 이외에도 여러 가지 중요한 정보들을 상담에 활용할 수 있다는 이점이 있다.

② 매체(간접)를 이용한 상담 (메일, 전화, 인터넷 채팅, 화상 상담 등)

㉠ 전화상담

동물행동상담사와 내담동물보호자가 전화로 대화를 나누면서 상담을 진행하는 것인데 전화상담의 최대 이점은 익명성의 보장, 편의성이다.

㉡ PC 상담

최근 들어 컴퓨터를 사용하는 사람들이 늘어나면서 PC상담이 새로이 각광을 받고 있다. 이는 전자우편(E-mail), PC 통신, 인터넷 등과 같은 여러 가지 컴퓨

터 통신 수단을 이용해 심리적 문제에 대한 이해와 해결을 시도하는 것이다. 앞으로 동물행동상담사와 내담동물보호자가 같은 시간에 화상과 스피커를 통해 상담을 진행하는 것도 가능하게 될 전망이다. 그러면 시간이나 거리에 구애받지 않고 대면상담이 가지는 효과를 낼 수 있다.

③ 훈련 · 자문 · 평가 상담 : 관계훈련과 사원선발 및 교육에 관한 자문 및 평가가 있다.

4) 동물행동상담사가 주로 하는 일

① 1 대 1의 관계에서 이루어지는 대면 개인상담
② 1 대 다수의 관계에서 이루어지는 집단상담

(2) 동물행동상담사의 활동영역과 내담동물보호자에 대한 매너

1) 동물행동상담사의 활동 영역

① 동물행동 전문 교육 기관 및 대학
② 동물병원, 동물행동상담센터와 같은 사회 기관 등

2) 동물행동상담사의 전화매너

① 자신의 속한 기관의 얼굴이라고 할 수 있을 만큼 전화 응대 방법에 따라 동물행동상담센터에 대한 이미지가 좌우될 수 있다.
② 상담사의 전화응대가 시원스럽고 친절하면 기관에 대한 이미지도 좋아지게 된다.
③ 좋은 전화 응대를 하기위해서는 언어 이상의 따뜻한 마음을 내담자에게 전달해야 한다.

☎ 전화응대 매너의 특징 ☎

① 예고 없는 만남이다.
② 오해가 생기기 쉽다.(습관적인 말투, 부정확한 발음에 유의)
③ 보안이 되지 않는다.
④ 내담자에게 비용이 발생한다.

알고가기

내담동물보호자에 대한 에티켓

◈ 에티켓의 유래

사회생활의 모든 경우와 장소에서 취해야 할 바람직한 행동 양식. 굿 매너(good manners)와 거의 같은 뜻이라 할 수 있다. 에티켓은 본래 프랑스 어로서 예의범절을 익힌 사람이 왕실에 출입할 수 있는 티켓과 같은 것을 의미한 말에서 나온 것으로 전한다. 프랑스어의 동사 estiquer(붙이다)에서 유래한 말이다. '나무 말뚝에 붙인 표지'의 뜻에서 표찰(標札)의 뜻이 되고, 상대방의 신분에 따라 달라지는 편지 형식이라는 말에서 궁중의 각종 예법을 가리키는 말로 변하였다. 따라서 궁정인(宮廷人)이나 각국 대사(大使)의 석차(순위)를 정해야 했고, 그에 수반하는 예식의 절차를 정해야만 했다.

① 내담동물보호자에게 호감을 주라.

내담동물보호자에게 언제나 매력적(Charming)으로 보이도록 노력하라는 뜻이다. 대표적인 예로 "Thank."라는 말을 붙이는 것은 매력적인 표현이다. 「매력적으로 보이는」 행위를 하는 것이 서양 에티켓의 전반에 걸쳐 예의로서 여겨지고 있는데 특히 사교모임에서의 대화나 일상적인 사교방문, 연회시의 테이블 매너, 게다가 복장에 이르기까지 모든 것은 「호감을 주라」는 기본개념을 바탕으로 하고 있다.

② 내담동물보호자에게 폐를 끼치지 말라.

남에게 폐를 끼치지 않겠다는 생각은 바꿔 말하면 「상대방을 생각해 주는 행위」이다. 이러한 사고방식은 사교모임에서의 예의, 만찬회나 리셉션시의 매너 등 이른바 실내에서의 에티켓(Indoor Etiquette)에 있어서 매우 중요하다는 것은 말할 필요도 없다. 그러나 이러한 사고방식을 더욱 중요시하는 경우는 공공장소에서의 에티켓으로서, 서양에서는 이를 Outdoor Etiquette이라 하는데, 실내에서의 에티켓과 함께 에티켓의 2대 부문을 이루고 있을 정도로 중요한 에티켓으로 여기고 있다. 공공장소에서의 에티켓을 잘 지키는 일이 바로 공중질서라든가 공중도덕으로 표현되는 것인데 우리들에 비해 서양인들의 격이 높다는 것은 바로 이 에티켓이 잘 지켜지고 있다는 것을 의미한다. 즉 서양인들은 아주 어릴 때부터 엄하게 에티켓에 대한 교육을 받아 에티켓이 매우 자연스럽게 몸에 배어 있는 것이다. 따라서 에티켓에 어긋나는 행동을 무심코 하는 동양인은 서양인에게는 매우 이상하게 비쳐질 것이고 상황에 따라서는 문화국민으로서의 품성을 의심받을 수도, 야만적 행동이라고 비판을 받을 수도 있는 것이다.

③ 내담동물보호자를 존경하라.

존경이란 말할 필요도 없이 예의범절의 기본이 되는 것이므로 비단 서양의 에티켓에서만 특히 중요시되고 있는 것은 아니며 우리나라의 예절에서는 물론, 그 어느 나라의 예법에서도 가장 중요한 사항으로 여겨지고 있는 것이다.

☎ 전화내담자 응대 방법 ☎

① 전화를 걸기 전의 준비

ⓐ 시간이나 요금의 낭비를 막기 위해 내담자의 전화번호·소속·성명을 확인한다.

ⓑ 용건을 간결하게 정리하고 빠뜨리는 내용이 없도록 통화할 용건·순서를 메모한다.

ⓒ 통화요금을 절약하기 위하여 장거리 통화일 경우엔 미리 다른 용건이 더 없는가를 확인한다.

ⓓ 통화 중에 내담자를 기다리게 하지 않고 정확한 정보를 전하기 위하여 필요한 서류나 자료를 정리하여 곁에 갖다 둔다.

② 전화를 걸 때 응대 방법

ⓐ 상대가 전화를 받으면 정확히 연결되었는가를 확인한다.

ⓑ 첫인사와 함께 자기의 소속과 이름을 먼저 밝힌다.

ⓒ 통화하는 동안 이루어진 내용을 요약, 정리한다.

ⓓ 필요 시 본인 이름, 전화번호를 다시 확인시킨다.

ⓔ 용건이 끝나면 정중하게 인사하고 전화를 끊겠다고 예고한 다음 끊는다.

ⓕ 내담자나 손윗사람의 경우에는 상대방이 끊은 뒤에 자신이 끊는다.

ⓖ 전화가 잘 안 들리는 때에는 서슴지 말고 그 사정을 알린다.

ⓗ 전화가 잘못 걸렸으면" 죄송합니다. 전화가 잘못 걸린 것 같습니다" 라고 정중하게 사과한다.

ⓘ 상대가 없으면 받을 사람에게 전해줄 수 있는지 정중히 묻고 용건을 말한다.

③ 전화를 받을 때 응대 방법

ⓐ 전화는 벨이 3번 울리기 전에 받고 먼저 자기소개를 한다.

ⓑ "감사합니다. ○○○의 ○○○팀 ○○○입니다. 무엇을 도와드릴까요?"

ⓒ 메모를 위해 펜과 종이를 준비한다.

ⓓ 용건은 간단명료하게 메모한다.

ⓔ 전화를 끊을 때는 작별인사를 잊지 말아야 한다.

ⓕ 다른 상담사를 찾으면 친절하게 기다리라고 말씀드리고 전화를 바꿔준다. 전화를 받을 상담사가 바로 전화를 받을 수 없을 때 그 사정을 내담자에게 설명한다.

ⓖ 다른 상담사에게 온 전화는 통화내용, 시간 등을 정확하게 전해준다.

ⓗ 잘못 걸려온 전화라도 친절하게 응대한다.

④ 상황별 내담자 전화응대 방법

ⓐ 찾는 사람이 통화 중일 때는 "죄송합니다만, ○○○씨는 통화중입니다. 잠시 기다려 주시겠습니까?"라고 한다.

ⓑ 메모 전달을 부탁 받았을 때는 "돌아오면 연락드리도록 하겠습니다. 저는 ○○○팀 ○○○입니다. 좋은 하루 되십시오."라고 한다.

※ 메모 방법 : 성명, 소속, 시간, 용건(5W 1H원칙), 전화번호 등을 간결하게 적어둔다.

ⓒ 내담자가 오래 기다린 후 연결할 경우에는 "오래 기다리셨지요? 연결해 드리겠습니다." 혹은 "기다려 주셔서 감사합니다. 연결해 드리겠습니다."라고 한다.

ⓓ 내담자가 오래 기다려야 할 때는 "오래 기다리시게 해서 죄송합니다. 통화가 많이 길어지는데요. 혹시 제가 도와 드릴 수 있는 사항인가요? 아니면 제가 메모를 남겨 드릴까요?"라고 한다.

ⓔ 전화 받을 담당자가 없을 때는 "죄송합니다만 ○○○상담사는 외근중입니다. ○○시 전에는 돌아올 예정입니다만 혹시 제가 도와 드릴 수 있는 사항인가요? 아니면 메모를 남겨 드릴까요?"라고 한다.

ⓕ 잘못 걸려온 전화인 경우에는 "실례지만 몇 번으로 전화하셨습니까? 이 곳은 ○○○이 아니라○○○입니다. 전화가 잘 못 걸린 것 같습니다."

※ 잘 못 걸려온 전화도 친절하고 정중하게 응대한다.

ⓖ 다른 부서의 업무 전화가 걸려 왔을 경우에는 "죄송합니다만, ○○○건에 관한 문의는 ○○○팀에서 담당하여제가 정확한 상담이 어려우니, 담당부서로 바로 연결해드리겠습니다. 괜찮으십니까?"" 잠시 기다려 주시겠습니까? ○○팀으로 전화를 돌려드리겠습니다. ○○팀 ○○○의 전화번호는 0000-0000번입니다. 혹시 전화가 끊어지시면 0000-0000번으로 다시 걸어주시면 감사하겠습니다. 좋은 하루 되십시오"

※ 다른 부서의 업무 전화가 걸려왔을 경우 직접 전화를 돌려주며, 담당자와 전화번호도 함께 안내한다.

ⓗ 잘 들리지 않을 때는 "죄송합니다만, 전화 상태가 좋지 않아 잘 들리지 않습니다. 다시 한번 말씀해 주시겠습니까?"라고 한다.

ⓘ 통화가 불가능할 정도로 들리지 않을 때는 "전화 상태가 좋지 않아 들리지 않습니다. 죄송합니다만, 다시 전화 해 주시면 감사하겠습니다. 제가 먼저 전화를 끊겠습니다."라고 한다.

ⓙ 통화 중 내담자가 와서 기다릴 때는 눈인사나 제스처로 전화를 곧 끝낼 것임을 알린다.

ⓚ 상담 중 전화가 올 때는 내담자에게 양해를 구한 뒤 통화한다. "잠시 실례하겠습니다." 통화가 길어질 것 같을 경우에는 전화 건 내담동물보호자에게 "죄송합니다만, 지금 내담동물보호자가 기다리고 계셔서 그러는데, 제가 ○○분 후에 다시 전화 드리면 어떻겠습니까?"라고 한다.

ⓛ 끝맺음 인사는 전화해 주셔서 감사합니다. 좋은 하루 되십시오."라고 한다.
※ 끝인사는 정중하게, 상대가 전화를 끊은 다음 수화기를 놓는다.

ⓜ 자신이 속한 기관의 위치를 문의할 경우에는 "네, 저희 ○○○의 위치요? 지금 계신 곳이 어디십니까? 교통편은 무엇을 이용하실 건가요? 네, 그러시면 ○○까지 오셔서 ○○방향으로 오시면 됩니다. 오시다가 못 찾으시면 다시 전화 주십시오. 저는 ○○○팀 ○○○입니다."라고 한다.

ⓝ 항의전화 응대 시에는 "정말 죄송합니다. 착오가 있었던 것 같습니다. 확인하는데 시간이○○분 정도 걸릴 것 같은데요. 확인 후 전화 드리면 어떻겠습니까?" "네, 내담동물보호자님 성함과 전화번호를 알려주세요" "불편을 드려 대단히 죄송합니다." "그럼, ○○분 뒤에 전화 드리겠습니다. 저는 ○○○팀 ○○○입니다."

ⓞ 상대의 감정이 상하지 않도록 항의내용을 끝까지 듣는다.
상대를 부정한다든지, 의심하는 것은 금물이며, 용건의 내용을 간단히 메모 한다. 또한, 필요한 서류자료, 메모지, 필기구를 준비한다.

ⓟ 사실을 확인하고 변명하지 않으며 항의에 대해 정중히 사과한다.

ⓠ 본인이 판단할 수 없는 내용은 상사와 상의한다.

알고가기

항의 전화 응대시

☎ 우선 사과 또는 공감 → 경청 → 공감 또는 사과 → 원인 분석 → 해결 방안 → 대안 제시 → 거듭 사과 → 감사 표현

⑤ 전화 용어

적절하지 않은 표현	적절한 표현
안녕하세요	안녕하십니까?
우리 회사	저희OO (기관, 병원, 센터등)
데리고 온 사람	모시고 온 분
누구십니까?	어느 분이십니까?
oo씨입니까?	○○ 내담자(혹은 내담동물보호자)님 되십니까?
잠깐만 기다려주십시오.	죄송합니다만, 잠시만 기다려 주시겠습니까?
잠깐 자리에 없습니다.	죄송합니다. 담당자가 잠시 자리를 비웠습니다.
전화 주십시오.	전화를 주시겠습니까?
다시 한번 말해 주십시오.	다시 한번 말씀해주시겠습니까?
알았습니다.	잘 알겠습니다.
모르겠습니다.	죄송합니다만 제가 알아봐 드리겠습니다.
알아봐주십시오.	확인해 주시겠습니까?
다른 전화를 받고 있으니 기다리세요.	다른 전화를 받고 있습니다만 잠시만 기다려주시겠습니까?
나중에 전화드릴게요.	잠시 후에 전화드리겠습니다.
그런 사람 없습니다.	죄송합니다. 찾으시는 분은 저희○○의 직원이 아닙니다.
들리지 않아요. 뭐라구요?	죄송합니다. 전화상태가 좋지 않으니 다시 한번 말씀해 주시겠습니까?
고마워요.	감사합니다.
전화 돌려드릴게요.	전화를 연결해드리겠습니다.

※ 서술형은 " ~입니다(습니다)"를 사용한다.
(~어요, ~예요 등은 낮춘 말은 아니나 격식을 갖춘 언어가 아님.)
※ 의문형은" ~입니까?(습니까?)"를 사용한다.
※ 명령형은 의뢰형으로 바꾸어 사용한다.

6) 내담동물보호자와 인사와 명함주고받기

① 인사

ⓐ 내담동물보호자와 함께 내방한 모르는 사이라고 해도 같은 공간에 있는 사람에게 친근하게 인사를 건네고 얼굴에 웃음을 띠우면서 인사한다.

ⓑ 악수는 오른손으로 하는 것이 원칙이다.

ⓒ 상대가 악수를 청할 때 남성은 반드시 일어서야 하지만 여성은 앉은 채로 악수를 받아도 괜찮다.

ⓓ 남성은 악수할 때 장갑을 벗는 것이 예의지만 여성은 실외에서 악수를 하는 경우 반드시 장갑을 벗지 않아도 된다.

ⓔ 악수를 하면서 가벼운 인사말도 함께 한다.

ⓕ 연소자가 연장자에게 소개되었을 경우 먼저 악수를 청해서는 되지 않는다.

ⓖ 외국인 내담동물보호자의 경우 동물행동상담사와 보호자가 서로 동성일 때는 악수를 하고 이성 간에는 간단한 목례로 대신한다.

② 명함 건네는 방법

ⓐ 아랫사람이 윗사람에게 건넨다.

ⓑ 상대를 기다리게 하고 명함을 찾는 것은 매너에 어긋나는 일이다.

ⓒ 명함은 선 자세로 교환한다.

ⓓ 동물행동상담사의 성명이 상대방 쪽에서 바르게 보이도록 준다.

ⓔ 가볍게 목례(15도)하면서 가슴 높이 선에서 건넨다.

알고가기

세계의 인사말

외국인에게는 그 나라의 말로 인사를 하는 것보다 친근감 형성에 도움이 되는 것은 없다. 나라별 인사말을 알아보자.

* 미국 – 헬로우
* 중국 – 니 하오
* 러시아 – 즈드라스뜨브쮜
* 독일 – 구텐 탁
* 브라질, 포르투칼 –봉 디아
* 아랍권 – 쌀라마리꿈
* 폴란드 – 젠 도브리
* 네덜란드 – 훗 닥
* 일본 – 곤니찌와
* 프랑스 – 봉쥬르
* 스페인 – 부에노스 디아스
* 이탈리아 – 부온 지오르노
* 태국 – 싸와디 캅
* 베트남 – 짜오 안

③ 명함 받는 방법

ⓐ 명함은 오른손으로 건네고 왼손으로 받는다.

ⓑ 명함은 두 손으로 잡고 본다.

ⓒ 자신의 명함이 없으면 양해를 구한다.

ⓓ 명함을 받자마자 호주머니에 넣으면 실례가 된다.

ⓔ 상대가 여러 명일 경우, 한 사람씩 명함을 건네고 받는다.

ⓕ 테이블에서 명함을 받으면 책상 위 오른쪽에 놓는다.

ⓖ 상대의 이름과 직함을 정확히 말한다.

ⓗ 소개를 받은 후 종교, 정치, 신체 등과 관련된 내용은 초면인 사람과는 피해야 한다. 내담동물보호자와 친밀감을 형성하기위한 가장 손쉽게 접근할 수 있는 주제는 동물에 대한 것이며 이외에 문화, 예술, 여행, 스포츠 등에 대하여 언급하는 것이 좋다.

알고가기

〈 동물행동상담 비즈니스를 위하여 알아두어야 할 정보 〉

1. 동물행동상담에 대한 비즈니스를 하려면 자신이 무슨 일을 하는가에 대한 판단을 하고 이를 상품화하는 방법을 정확히 알아야 한다.
2. 내담동물보호자에 대한 정보가 정확하여야 한다. (성별, 연령, 취향, 소득, 가족)
3. 지역 특성에 대하여 알아야 한다. (기후, 습관, 방언, 종교 등)
4. 상대의 생활수준, 습관, 사고방식, 취향 등을 연구해야 한다.
5. 지역이나 상대방의 특성에 따라 음식, 옷차림, 제스처 등에 주의해야 한다.
6. 동물행동상담사로서의 비즈니스는 연속적이며 화술, 표정, 매너가 중요하다.

7) 동물행동상담 비즈니스 매너의 적용방안

① 비즈니스 인사매너

ⓐ 모든 만남은 인사에서 시작된다. 인사는 첫 인상을 결정하는 첫 관문이라는 점에서 아주 중요하기 때문에 선수필승(先手必勝, 상대보다 먼저 일을 착수하는)의 마음으로 먼저 인사하여 상대에 대한 존경심을 표현한다.

ⓑ 인사의 기본 요소는 미소(진실), 목소리(명랑; C음계의 '솔'톤), 자세(공손; 상체를 반듯하게 굽혀 인사, 굽힌 상태에서 잠시 멈춘 후에 상체 일으킴)이며, 무엇보

다 가장 중요한 것은 눈맞춤(eye-contact)이다.

ⓒ 인사는 눈맞춤(eye-contact)으로 시작하여 "안녕하십니까?" 멘트 후 선 자세에서 눈맞춤(eye-contact)으로 마무리한다. 먼저 발뒤꿈치는 붙이되, 남성은 약 30도(시계바늘방향 10시10분), 여성은 15도(시계바늘방향 11시5분) 정도가 적당하다. 손의 자세는 공수법(拱手法)을 토대로 남성은 왼손이 위로 가도록 두 손을 포개 잡는 반면, 여성은 오른손이 위로 가도록 두 손을 포개 잡는다. 그러나 흉사(사람이 죽은 때)시에는 평상시와 반대로 남성은 오른손이 위로 가도록, 여성은 왼손이 위로 가도록 두 손을 포개 잡는다.

② 비즈니스 명함매너

ⓐ 명함은 자신을 보여주는 최초의 수단으로 얼굴을 의미한다. 명함 교환 후, 헤어지면 상대방과 자신의 존재는 모두 명함으로만 남기 때문이다. 만남에 있어서 첫인상이 중요하듯, 명함은 상대가 자신을 기억하게 하는 중요한 역할을하기 때문에 항상 소중히 다루고 반드시 명함칩에 10장 이상씩 소지한다.

ⓑ 상대를 만나면 곧바로 명함을 교환하는 것이 원칙이지만 무엇보다 상대를 향한 '감사의 마음'과 '존중의 마음'을 가져야 하겠다.

ⓒ 명함은 자리에서 일어나서(앉은 채로 건네는 것은 NG.) 아랫사람이 먼저 손윗사람에게 건네준 후, 윗사람의 명함을 받는다. 자세를 바르게 하고, 상대의 얼굴을 보면서(역시 eye-contact이 중요함.) 회사명, 부서명, 이름을 밝힌다. 명함은 상대가 바로 읽을 수 있는 방향으로 돌려 오른손으로, 가슴 높이에서 건넨다.

ⓓ 상대의 명함을 받을 때에는 양손을 가슴 높이까지 올리고 "감사합니다."라고 말한 후, 상대의 이름과 직함을 소리 내어 한 번 읽고 대화중에는 상대의 이름과 직함을 반복하여 불러주는 것이 좋다.

알고가기

◈ **개인 관리(Personal Management)**

개인 관리란 자기 자신의 몸 관리, 정신 관리, 감정 관리를 말한다. 특히 자신의 관리는 자신이 속해 있는 직장을 나타내어 회사에 공헌하는 것이다. 사람의 첫인상은 만나서 15초 이내에 결정된다. 첫인상이란 경험으로 미루어 주관에 의해서 결정하는 것이다.

③ 동물행동상담 비즈니스 대화매너

ⓐ 대화는 상대에게 자신의 의사를 표현하고 마음을 전달하는 중요한 의사소통의 수단이다. 원활한 인간관계를 유지하기 위해서는 바람직한 대화매너로써 진실된 마음을 담아 정확하게 말을 하고 상대의 말을 경청하는 것이 중요하다.

ⓑ 먼저, 쿠션언어를 한 마디 추가하자. 쿠션 언어란 전달하고 싶은 말 앞에 한마디를 추가하여 상대를 기분 좋게 만드는 요술 주문이다. 대표적인 표현으로는 "죄송하지만", "폐가 안 된다면", "번거롭게 해드려서 죄송하지만" 등의 말을 본론으로 들어가기 전에 추가하여 부드럽게 표현한다. 일례로 "여기에 기업해주시겠습니까?" 보다 "폐가 안 된다면 여기에 기입해주시겠습니까"처럼 상대의 입장을 배려하여 쿠션언어를 활용하면 기분 좋은 대화를 유지할 수 있다.

ⓒ 다음으로 "~해주십시오."는 의뢰형과 질문형으로 표현하자. "서주십시오", "봐주십시오." 등 "~해주십시오."는 일방적인 명령을 표현한다. 이를 "잠시 서 주시겠습니까?", "잠시 봐주시겠습니까?"로 상대의 의향부터 물어보는 의뢰형으로 바꾼다면 상대의 기분을 배려한 금상첨화의 표현일 것이다.

④ 동물행동상담 비즈니스 테이블매너

ⓐ 세계적 경영 컨설턴트인 톰 피터스는 21세기 비즈니스시장에서 살아남기 위한 경쟁우위 6가지 중 한 가지는 '매너'라고 주장한다. 90초 만에 굳혀진 첫인상은 60번 이상을 만나야 변할 수 있듯이 첫 대면의 매너는 아주 중요하다.

ⓑ 동물행동상담비즈니스 매너의 핵심은 '상대를 존중하고 배려하는 마음'이라 할 수 있는데, 기본적으로 갖춰야할 매너는 다음과 같다.

㉠ 인사매너는 미소(진실), 목소리(명랑), 자세(공손)를 기본으로 무엇보다 중요한것은 눈맞춤(eye-contact)이다.

㉡ 명함매너는 아랫사람이 손윗사람에게 건네되 바른 자세로 얼굴을 보면서 소속을 밝힌 후, 상대가 바로 읽을 수 있는 방향으로 돌려 오른손으로, 가슴높이에서 건넨다.

㉢ 대화매너에서는 전달하고 싶은 말 앞에 한 마디를 추가하는 쿠션언어("죄송하지만", "폐가 안 된다면")를 활용하고, "~해주십시오."는 의뢰형("잠시 서 주시겠습니까?")과 질문형("잠시 봐주시겠습니까?")으로 표현한다.

㉣ 테이블매너에서는 코스에 따라 포크와 나이프는 대개 각각 3개 이하로 놓여 있으면 바깥쪽에 있는 것부터 순서대로 사용한다. 상대가 식사중일 때에는 접시 중앙이나 테두리에 '人'자형으로 놓고, 나이프의 날은 안쪽을 향하도록

한다. 그리고 좋은 표정을 만들기 위해서 얼굴 스트레칭은 반드시 필요하므로, 평상시에도 눈, 눈썹, 볼 운동, 입 운동으로 연습하는 것이 무엇보다 중요하다.

알고가기

☺ 표정 관리 ☺

미국의 심리학자 메라비안은 사람의 첫 인상을 결정하는데 있어서 시각적인 요인이 55%, 청각적인 요인이 37%, 말의 내용 등이 8%라는 논문을 발표하였다. 첫 인상을 결정하는데 있어서 시각적인 요인인 표정관리는 매우 중요하다.

1. 첫 인상을 결정하는 중요한 포인트는 웃음이다.
2. 안경테는 얼굴, 눈과 조화가 되어야 한다. 특히 작은 눈은 크게 보이게 하기도 한다. 둥근 얼굴에는 각진 안경, 각진 얼굴에는 둥근 안경이 효과적이며 눈가의 주름을 보이지 않게 하는 장점도 있다
3. 비즈니스에서 협상할 때에는 검은 안경테를 쓰는 것은 좋지 못하다. 왜냐하면 검은 안경테는 상대방으로 하여금 노려보고 있다는 느낌을 주기 때문이다.
4. 눈썹, 입 모양, 시선 등은 본인의 표정을 결정하는 중요한 요소가 된다. 특히 외국인과 대화 시 시선을 마주치지 않으면 진실이 없는 것으로 생각한다.

☺ 피부 관리 ☺

맨 얼굴은 무기없이 적(이물질)에 대항하는 것이다. 순한 비누로 자주 얼굴을 씻으며 부드러운 스킨이나 로션으로 기초화장을 하는 것이 필요하다. 특히 턱수염이나 콧수염은 비즈니스에서 부정적인 인상을 줄 수 있으며, 사기꾼, 아첨꾼을 나타내므로 예술인이 아니면 삼가는 것이 좋다. 적당한 화장은 아름답게 보이면서 자신의 단점을 숨길 수도 있는 좋은 방법인 것이다.

☺ 모발 관리 ☺

머리의 스타일은 그 모양대로 무언의 규칙을 나타낸다. 경찰이나 공직자 등 공적인 사람의 머리는 짧다. 특히 강한 인상에 짧은 머리는 어떤 조직을 나타내는 거부감을 보이기도 한다. 특히 가르마는 중앙이 아닌 자연스런 상태가 좋다. 나이에 맞지 않는 색깔은 염색하는 것이 좋다.

Ⅱ. 기본적인 상담기법

학습목표
1. 기본적 상담 기법의 개념을 이해한다.
2. 각 상담 기법을 적용하기 위한 조건과 효과를 이해한다.

1. 경청, 질문, 반영, 명료화

(1) 면접의 기본방법

상담에서 취하는 상담이론의 종류, 내담동물보호자의 문제, 상담목표에 관계없이 공통적으로 사용되는 기본적인 면담기법으로 경청, 개방형 질문, 바꾸어 말하기, 요약, 반영, 명료화, 직면, 해석 등이 포함된다.

(2) 면접기법의 분류

1) 비지시적(비개입적) 면담법

① 동물행동상담사가 내담동물보호자의 언어적 흐름을 방해하지 않고, 따라가는 방법이다.
② 경청, 요약, 바꾸어 말하기, 반영이 있다.

2) 지시적(개입적) 면담법

① 동물행동상담사의 의견을 전달하려는 것이다.
② 직면, 해석이 있다.

(3) 면접기법을 사용하기 전 생각할 점

1) 동물행동상담사에게 맞는 면담법

① 동물행동상담사도 성격과 개성이 다르듯이 유머가 풍부하고 부드러운 사람과 분석적이고 냉철한 사람이 있다.

② 다양한 기법을 연습해보고 자신에게 잘 맞는 면담법을 찾아야 한다.

2) 기법보다 중요한 것은 동물행동상담사의 마음과 태도

기법은 동물행동상담사가 취한 이론적 입장에 자연스럽게 녹아들어야 하므로 기법보다 중요한 것은 내담동물보호자를 향한 동물행동상담사의 마음과 태도이다.

(4) 경 청

1) 정 의

① 내담동물보호자의 말과 행동에 동물행동상담사가 선택적으로 주목하는 것이다.

② 내담동물보호자가 말하는 흐름을 따라가며 잘 듣는 것이다.

2) 효 과

① 내담동물보호자는 동물행동상담사가 자신에게 온전히 관심을 기울이고 있음을 전달받는다.

- 내 얘기를 정말 듣고 싶어 하는구나.
- 내게 이렇게 관심을 기울이다니. 지금껏 누구도 내게 이런 관심을 주는 사람은 없었어.

② 내담동물보호자로 하여금 생각이나 감정을 자유롭게 표현할 수 있도록 북돋아 주며, 자신의 방식으로 문제를 탐색하게 하며, 상담에 대한 책임감을 느끼게 한다.

3) 경청에 대한 표현

동물행동상담사는 내담동물보호자의 말을 주목하여 듣고 있음을 전달해야 한다.

① 시선을 통한 접촉 : 눈과 눈 사이, 눈의 근처, 얼굴 주변에 시선이 머무르는 것이다.

② 자세 및 몸짓 : 이완된 자세로 내담동물보호자 쪽으로 약간 몸을 기울이거나 고개를

끄덕이는 것이다. 뒤로 몸을 젖히거나 팔짱을 끼는 자세는 주의해야 한다.

③ 언어 : '음', '예', '그렇죠.' 등의 추임새를 말한다. 단, 내담동물보호자의 진술의 흐름에 방해되지 않아야 한다.

예) '저 동물행동상담사는 왜 자꾸 거슬리게 알았다고 하는 거야. 그냥 듣고 있다는 시늉으로 반복하는 것 아냐?'

(5) 질 문

1) 질문의 효과

중요한 사항에 대한 적절한 질문은 동물행동상담사가 경청하고 있음을 전달해 줄 뿐만 아니라, 내담동물보호자의 자기탐색을 촉진한다.

2) 바람직한 질문방법

① 개방적 질문과 폐쇄적 질문이 있다.

㉠ 개방적 질문 : '당신은 동생을 어떻게 생각하나요?'

㉡ 폐쇄적 질문 : '당신은 동생을 좋아하는 것 같은데 그렇죠?'와 같이 '예', '아니요'의 한정된 답을 요구하는 질문

② 질문 공세는 위협적으로 느껴질 수 있으므로 삼가야 한다.

(6) 반 영

1) 정의

① 내담동물보호자의 말과 행동에서 표현된 기본적인 감정, 생각 및 태도를 동물행동상담사가 다른 참신한 말로 부연해주는 것으로 내담동물보호자로 하여금 자기가 이해받고 있다는 인식을 받게 된다.

② 내담동물보호자가 한 말을 그대로 다시 반복하는 식으로 반영해주면 내담동물보호자는 자기의 말이 어딘가 잘못되지는 않았나 하고 생각하게 되거나 동물행동상담사의 그러한 반복에 지겨움을 느끼기 쉬우므로 가능한 한 다른 말을 사용하면서 관심을 가지고 이해하고자 한다는 태도를 보여야 한다.

③ 흔히 내담동물보호자의 감정은 '큰 저류가 있지만 표면에는 잔물결만이 보이는 강물'에 비유된다. 즉, 내담동물보호자의 감정은 수면상의 물결처럼 겉으로 보이는 표면감정이 있고, 강의 저류처럼 보이지는 않으나 중심적인 내면감정이 있는 것이다. 동물행동상담사는 내면적 감정을 정확히 파악하여 내담동물보호자에게 전달해 주어야 한다.

④ 반영이란 말 속에 흐르는 주요 감정을 전달해주는 것이다.

2) 효 과

① 내담동물보호자가 자신의 감정을 파악하도록 돕는다.

② 감정을 명료하게 파악하고, 수용하는 과정을 통해 깊은 탐색을 시도한다.

③ 동물행동상담사의 감정반영은 내담동물보호자에게 감정표현의 모델이 될 수 있다. 예) '아, 저렇게 감정을 표현할 수 있구나.'

④ 감정을 느낄 수 있도록 안내함으로써 카타르시스를 경험하게 한다.

⑤ 이해받는다는 느낌을 주어 신뢰를 가질 수 있는 상담관계를 촉진할 수 있다.

3) 표현방법

① ~때문에 ~를 느끼는 군요, ~게 느끼시는 것 같네요, ~게 들리는데요, 달리 말하면 ~게 느끼고 계신다는 말씀인가요?, ~라고 이해가 되는데요, 정말 ~한가 보네요.

② 내담동물보호자가 말로 표현하는 것뿐 아니라 자세, 몸짓, 목소리의 어조, 눈빛 등의 비언어적 메시지에서 표현되고 있는 것도 반영해준다.

③ 특히 내담동물보호자의 언어표현과 행동단서가 차이가 나거나 모순을 보일 때에는 이를 반영해주는 것이 필요하다.

4) 대상과 정도

① 내담동물보호자의 말과 행동 중 어떤 것을 선택하여 그것을 어느 정도의 깊이로 반영할 것인가?

㉠ 가장 중요하고 강한 것이 어떤 것인가?

㉡ 내담동물보호자가 말로 표현한 수준 이상으로 깊이 들어가지 않는다(예: 명료화, 해석)

② 너무 얕은 반영은 내담동물보호자의 마음에 다가가지 못하여 부족하다는 느낌을 준다.

③ 너무 깊은 반영은 내담동물보호자가 받아들이기에 부담스러워 물러서게 만들 것이다.

5) 반영의 시기

① 반영을 언제 하는 게 가장 적절한가는 내담동물보호자가 충분히 말을 한 다음에 하라.

② 중간에 끊을 경우 내담동물보호자의 감정의 흐름을 놓칠 수 있다.

③ 의미 있는 것에 초점을 맞추기 위해 때때로 내담동물보호자의 말을 중단시킬 수 있다.

(7) 명료화

1) 정의

① 내담동물보호자의 말 속에 내포되어 있는 뜻을 내담동물보호자에게 명확하게 말해주는 것이다.

② 내담동물보호자의 실제 반응에서 나타난 감정이나 생각 속에 암시되었거나 내포된 관계와 의미를 보다 분명하게 말해주는 것이다.

2) 대상(내용)

① 명료화의 내용은 내담동물보호자의 표현 속에 포함되었다고 동물행동상담사가 판단한 것으로 내담동물보호자 자신은 미처 충분히 자각하지 못하는 의미 및 관계이다.

② 내담동물보호자가 애매하게만 느끼던 내용이나 자료를 동물행동상담사가 말로 표현해준다는 점에서, 명료화는 내담동물보호자에게 자기가 이해를 받고 있으며 상담이 잘 진행되고 있다는 느낌을 갖게 해준다.

③ 내담동물보호자로 하여금 미처 생각하지 못했던 측면을 생각하도록 하는 자극제가 되는 것이다.

3) 선택적 명료화의 예시

내담동물보호자가 표현한 생각이나 느낌 중에서 동물행동상담사가 중요하다고 판단한 생각이나 느낌을 선택하여 강조하는 것이다.

4) 비유적 명료화의 예시

보다 명확히 알 수 있도록 비유나 은유적 묘사를 사용하는 것이다.

5) 바람직하지 못한 행동 및 태도의 명료화의 예시

과도하게 내담동물보호자의 말을 끊고 들어가거나 지나치게 따지듯 질문을 하는 경우, 부정적인 느낌을 주는 “왜”라는 단어를 사용한 질문을 반복하는 것이다.

2. 직면 · 해석

(1) 직 면

1) 정 의

① 직면은 내담동물보호자가 모르고 있거나 인정하기를 거부하는 생각과 느낌에 대해 주목하도록 하는 동물행동상담사의 언급(또는 지적)이다.

② 내담동물보호자가 모르고 있는 과거와 현재의 연관성, 행동과 감정 간의 유사점 및 차이점 등을 지적하고 그것에 주목하도록 하는 것이다.

③ 직면은 내담동물보호자의 변화와 성장을 촉진시킬 수도 있는 반면, 내담동물보호자에게 심리적 위협과 상처를 줄 수 있을 정도로 강력하므로 동물행동상담사는 직면의 적질한 시기를 고려해야 한다.

④ 내담동물보호자와 다른 의견을 내기 시작하는 적극적인 개입방법이다.

2) 대 상

① 내담동물보호자 스스로는 못 깨닫고 있지만 그의 말이나 행동에서 어떤 불일치가 발견될 때 동물행동상담사는 이 불일치를 지적할 수 있다.

② 내담동물보호자로 하여금 자신의 욕구에 의해서만 상황을 바라볼 것이 아니라 상황을 있는 그대로 볼 수 있도록 하는데 사용될 수 있다. 상담에서 어떤 화제를 피하거나 다른 사람의 의견이나 생각, 느낌 등을 받아들이려 하지 않을 때 이를 내담동물보호자에게 이해시키는 데에도 사용될 수 있다.

③ 내담동물보호자가 미처 깨닫지 못했거나 사용하지 않은 능력과 자원을 지적하여 주목케 하는 것도 포함된다.

3) 효 과

① 새로운 변화에 도전할 수 있게 이끌어 주는 것이다.
② 자신의 측면을 수용하고 보다 새롭고 적응적인 사고 및 행동을 하도록 안내할 수 있다.

4) 유 형

모순과 불일치가 일어날 때는 내담동물보호자 내면의 갈등이나 양가감정의 표시(Sign)이다.

① 2가지 언어적 진술간의 모순

당신은 아무런 문제가 없다고 하는데 그 사람이 당신에게 좀 화가 나 있다고 하지 않으셨나요?

② 말과 행동 간의 불일치

상담에 와서 좋은 성적을 내고 싶다고 말은 늘 하고 있어도 대부분의 시간은 잠자는 데 쓰고 있으시군요.

③ 2가지 행동 간의 모순

입 모양은 웃고 계시지만 이를 악물고 계시네요.

④ 2가지 감정 간의 불일치

당신은 동생이 밉다고 하면서도 동생의 문제를 많이 걱정하시네요.

㉠ 감정을 감추거나 양가감정이 있는 것이다.
㉡ 양가감정 : 동일한 대상에 대해 서로 일치하지 않는 감정이나 태도를 지니고 있는 것.

⑤ 자기개념과 경험 사이의 불일치

반려동물행동이 싫어서 버리고 싶다고 좋아하셨는데, 지난주에 동물과 자주 산책을 하지 않았나요? 라는 질문을 통해 상황에 대한 대안적인 참조 틀을 제공함으로써 경험의 왜곡을 해소하도록 돕는다.

⑥ 내담동물보호자의 견해와 동물행동상담사의 견해의 불일치

당신은 스스로 게으르다고 말씀하시는데, 제가 보기에 당신은 아주 훌륭하게 반려동물과 운동을 잘하고 있다고 생각되네요.

⑦ 내담동물보호자가 이야기하기를 피하는 화제나 받아들이지 않으려 하는 대안적인 의견, 생각이나 느낌

5) 직면의 시기

① 내담동물보호자가 그것을 받아들일 수 있는 준비가 되어 있는지를 면밀히 고려해야 한다.
② 직면을 위해서는 경청, 반영, 명료화 등의 기법이 주가 되는 수용적이고 담아주는 과정이 필요하다. 신뢰를 통해 '나를 진심으로 생각해서 하시는 말이구나.' 진지하게 들여다 볼 의향이 생긴다.
③ 내담동물보호자를 배려하는 상호 신뢰의 맥락에서 행해져야 하며, 내담동물보호자에 대한 동물행동상담사의 좌절과 분노를 표현하는 수단으로 사용되어서는 안 된다. 내담동물보호자가 준비되지 않았을 때 자신에 대한 비난이나 비판으로 받아들이고, 저항과 분노를 느낄 수 있다.

6) 주의사항

① 내담동물보호자가 자신의 한계를 깨닫도록 하는 것이 목적이 아니라, 미처 깨닫지 못했거나 사용하지 않은 능력과 자원을 지적하여 주목하도록 하는 것이다.
② 내담동물보호자를 충분히 관찰하고 직면할 내용에 대한 충분한 근거가 있어야 한다.
③ 내담동물보호자가 직면을 감당할 만큼 상담관계를 신뢰하고 있는가가 중요하다.
④ 내담동물보호자가 직면을 받아들일 정도의 자아강도를 갖고 있는가?
⑤ 내담동물보호자에 대한 불만을 표현하는 공격의 수단이 되어서는 안 된다.
⑥ 내담동물보호자에게 직면내용을 강요해서는 안 된다.
⑦ 직면에 대한 내담동물보호자의 느낌과 생각(반응)을 살펴서 공감하는 것이 필요하다. 이러한 과정을 통해 직면한 내용을 받아들일 수 있도록 안내해야 한다.

(2) 해 석

1) 정 의

① 내담동물보호자에게 어떤 의미를 전달하고자 하는 동물행동상담사의 시도라고 볼 수 있다.

② 내담동물보호자가 보이는 여러 언행들 간의 관계 및 의미에 대한 가설을 제시하는 것으로 내담동물보호자로 하여금 과거의 생각과는 다른 각도에서 자기의 행동과 내면세계를 파악하게 하는 것이다.

③ 통찰로 이끄는 가장 직접적인 방법이다.

알고가기

〈 내담자의 내면세계에 접근하는 깊이의 정도 〉

경청 → 반영 → 명료화 → 직면 → 해석의 순이라고 할 수 있다.

내담동물보호자가 인식하지 못하는 의미까지 지적하고 설명해 준다는 면에서 해석이 가장 어렵고 무의식에 관한 분석적 전문성을 요한다.

2) 대 상

① 초기 면접에서는 상담에 대한 잘못된 기대와 미온적인 태도를 해석해야 할 필요가 있다. 이때의 해석은 상담과정을 밝혀주고 내담동물보호자가 앞으로 유의해서 노력해야 할 영역을 제시해 주는 것이다.

② 상담이 진행됨에 따라 내담동물보호자의 방어 기제들이나 문제에 대한 생각・느낌 및 행동 양식 등을 해석의 대상으로 삼는다. 처음에는 내담동물보호자가 미처 자각하지 못하고 있는 것들을 설명해 주며 상담이 진행됨에 따라 방어기제와 태도들의 어떤 측면이 효과적이고 비효과적인지를 구체적으로 해석한다.

③ 상담의 중반기에는 내담동물보호자 자신이 스스로 해석할 수 있도록 북돋아주기 위해서 일반적인 내용을 해석하면서 해석의 횟수를 줄인다. 이와 같이 해석의 대상과 내용은 상담 과정의 단계에 따라 달라진다.

3) 효 과

① 내담동물보호자의 성격 및 문제의 배경을 파헤쳐 새로운 통찰을 제공할 수 있으며, 동물행동상담사의 이론적 입장이나 관심사에 따라 다른 해석을 제공할 수 있다.
② 내담동물보호자의 생각과 행동에 대해 좀 더 다른 시각, 넓은 시각으로 바라보게 유도한다. 즉 자신의 말과 행동의 의미를 깨닫고 더 큰 틀 속에서 바라볼 수 있게 한다.
③ 내담동물보호자 자신의 말과 행동에 대한 책임감과 자기통제를 촉진할 수 있다.

4) 제시 방법

① 직접적인 형식

㉠ ~은 ~이다

예) 결혼하는 것을 걱정하고 계시죠. 결혼에 대해서 굉장히 많이 불안해하시는데, 당신은 완벽한 결혼식이 되어야만 한다고 생각하고 계시는군요. 늘 완벽하게 살고자하는 당신의 사고방식 때문에 이번 결혼에 대해서도 불안감이 많이 느껴지시는 거군요.

㉡ 단정적인 표현은 권위적·위협적일 수 있다.
㉢ 동물행동상담사의 사고틀을 강요하는 느낌을 줄 수 있다.

② 가설적인 형식

㉠ ~할 것 같은데요, ~인지 궁금합니다, ~이 ~과 관련이 있을 것 같습니다. 당신은 늘 실패할까 봐 두렵다고 하셨는데, 이것은 어머니를 실망시키지 않고 기쁘게 해 드려야 하는 것과 어떤 관련이 있는 것 같은데요.
㉡ 직접적인 방식보다 덜 부담을 줄 수 있다.
㉢ 동물행동상담사의 사고틀을 강요하는 느낌을 덜 준다.

③ 질문 형식

㉠ ~이지 않을까요?

예 : '아버지와 사이가 좋지 않다는 것만으로 당신을 가치 있는 사람이 아니라고 생각하는 건 아닌가요?'

㉡ 덜 위협적이다.
㉢ 가설적인 형식과 질문형식을 주로 사용하여 가능한 협력적이고 부드러우며 위협적이지 않은 방식으로 전달해야 한다.

㉣ 내담동물보호자가 생각하거나 느낀다고 믿는 방향으로 한 걸음 정도 앞서서 점차적으로 진행하여야 한다.

㉤ 해석내용을 적절한 때에 다른 경험적 증거를 제시하면서 반복해야 할 필요가 있다.

5) 해석의 제시 형태

① 잠정적 표현

동물행동상담사가 판단한 내용을 단정적으로 해석하기보다 암시적이거나 잠정적인 표현으로 한다. 예를 들면 '그것이 바로 당신의 문제입니다'라고 말하지 않고, '그것인 것 같은데요', 또는 '당신은 그 점을 가장 고려해야 할 것 같습니다.'라고 말한다. 또는 '~하기 때문에 당신이 그렇게 느끼는 것입니다'라고 말하기보다는 '당신이 그렇게 느끼는 한 가지 이유로 ~라고 생각해 보는 것이 좋을지 모르지요'라고 말한다. 또한 내담동물보호자의 저항을 줄이기 위해 다음과 같은 암시적이고 부드러운 표현을 쓸 수 있다.

예) 아마 ~하지 않아요? ~할 것 같은데요, ~라고 생각하세요?, ~인지 궁금한 데요., ~에 찬성하는지요?, ~라고 생각하는 것이 적당한 것 같군요.

② 점진적 진행

상담의 해석은 내담동물보호자의 생각보다 뒤늦어도 안 되지만 너무 앞서도 바람직하지 못하다. 그래서 내담동물보호자가 생각하거나 느낀다고 믿는 방향으로 한 걸음 정도 앞서서 점차적으로 진행하여야 한다.

③ 반복적 제시

필요하고 타당한 해석이 내담동물보호자로부터 저항을 받게 되면, 동물행동상담사는 적절한 때에 다른 부수적인 경험적 증거를 제시하면서 해석을 반복해야 할 필요가 있다. 그 이유는 내담동물보호자들이 처음의 해석을 이해하거나 수용하지 못하다가 나중에 이해하는 경우가 많기 때문이다.

④ 질문형태의 제시

해석은 내담동물보호자를 관찰하여 얻은 예감이나 가설을 바탕으로 하는 것이기 때문에 가능하면 사실적으로 표현하기보다는 질문형태로 하며, 내담동물보호자 스스로가 해석을 하도록 하는 것이 바람직하다. 해석적 질문형태는 선도적 질문, 의미탐색적 질문, 해석적 질문 및 직면적 질문이 있다.

㉠ 선도적 질문
- 그런 생각에 대해 조금 더 이야기해 보겠어요?
- 거기에 대해서는 말하고 싶지 않은가요?

㉡ 의미 탐색적 질문
- 무슨 뜻이죠?
- 당신에게 어떤 의미를 주나요?

㉢ 해석적 질문
- 혹시 지금 반려동물들을 믿지 못하게 된 것이 당신의 가족들이 당신을 잘 돌보지 못했기 때문이라고 생각하나요?

㉣ 직면적 질문
당신은 그렇게 반려동물을 계속 학대해도 괜찮다고 생각하는가요?

⑤ 감정적 몰입을 위한 해석

초심자들은 내담동물보호자의 생각이나 내면적 동기만을 해석하고, 해석이 주로 지적인 차원에만 국한되는 것으로 잘못 생각하는 경향이 있다. 그러나 유능한 동물행동상담사는 지적인 차원보다는 감정적 차원에서 초점을 맞춘 해석을 더 많이 한다.

6) 해석의 시기

① 내담동물보호자가 받아들일 준비가 되어 있다고 판단될 때 조심스럽게 실시한다. 즉 내담동물보호자가 깨닫고는 있으나 확실하게 개념화하지 못하고 있을 때에 해석을 해 주어야 가장 효과적이다.

② 준비가 되지 않은 상황에서 내담동물보호자에게 직면이나 해석을 제시할 경우 심리적인 균형이 깨져 불안을 느끼거나 저항이 나타나거나 중도탈락(Drop)이 될 수 있다.

③ 상담의 초기 단계에서 감정의 반영을 많이 하게 되고, 그 다음에 내담동물보호자의 성격과 태도를 명료화하는 해석을 한다. 구체적인 내용의 해석과 보다 심층적인 해석은 상담관계가 형성되는 중반기까지 보류하고, 내담동물보호자의 성격을 파악하지 못했을 때나 해석의 실증적 근거가 없을 때에는 해석을 하지 않는다.

④ 내담동물보호자가 반복된 탐색 및 상담과정에서 어느 정도 해석의 내용에 가까이 접근했다고 판단이 되었을 때 해석이 가능하다.
예) '선생님, 제가 왜 이럴까요? 뭣 때문에 이랬을까요?'

'뭔가 ~과 관련이 있을 것 같다는 느낌이 들어요.'

이럴 경우 내담동물보호자가 먼저 다른 관점에서 생각해볼 수 있도록, 해석해 볼 수 있도록 기회를 주는 것이 중요하다.

⑤ 대부분의 내담동물보호자들은 동물행동상담사의 해석에 동의하지 않으면서 억지로 받아들이는 척하거나 받아들임으로써 자존감에 반복된 상처를 받을 수 있다.

예) '그래, 내가 뭘 알겠어. 선생님이 그렇다면 그런 거지.'

이럴 경우 동물행동상담사 자신의 능력을 과시하려고 해석을 해서는 안 된다.

예) '내담동물보호자에게 내가 이것을 알고 있음을 가르쳐 주어야지.

'내담동물보호자가 이것을 알도록 해주어야 해. 내가 달라지게 만들어야 해.'

7) 유 형

① 유사성

비슷한 내용을 가진 2가지 감정이나 생각을 연관시킨다.

예) '당신이 지금 반려동물에 대해 말하고 있는 것은 몇 주일 전에 당신의 남편에 대해 표현한 느낌과 유사한 것 같군요. 내 말에 대해 어떻게 생각하세요.

② 대비성

2개의 다른 생각이나 감정들을 연관시킨다.

예) '내가 보는 바로는 시추와 치와와에 대한 당신의 감정은 정반대인 것 같군요.'

③ 연결성

시간과 공간상으로 근접되어 있거나 떨어져 있는 감정 및 생각을 연합시킨다.

예) '당신의 반려동물은 애견카페에만 들어가면 긴장을 느끼는 것 같군요.'

8) 제한점

① 내담동물보호자가 새로운 지각과 이해를 받아들이려 하지 않을 때는 저항이 일어날 수 있다.

② 이 때 해석은 내담동물보호자의 자기 탐색을 감소시키는 결과를 초래할 수 있다.

③ 해석 때문에 내담동물보호자가 자신의 문제를 지나치게 주지화하는 경향을 초래하여 자신의 내면적 감정을 드러내지 않으려는 방어수단으로 이용될 수 있다.

④ 해석의 일반적 지침을 준수하고, 내담동물보호자의 감정과 태도를 충분히 살피고 다루어야 한다.

Ⅲ. 상담의 과정

학습목표
1. 상담과정의 각 단계를 구분하고 개념을 이해한다.
2. 상담 각 단계에서 이해하고 수행해야 할 중요 사항을 숙지한다.

1. 면 접

(1) 접수 면접

1) 정의

① 내담동물보호자가 상담실을 방문하면 제일 먼저 이루어지는 것이 접수면접이다. 새로운 사람을 만나면 첫인상이 중요한 것처럼 상담에서 접수면접은 매우 중요하다.

② 내담동물보호자의 현재의 문제, 일반적인 삶의 상황, 대인관계상의 기능에 대한 정보를 수집하기 위해 내담동물보호자와 함께 작업하는 단 한 번의 만남이다.

③ 심한 정서장애가 있는 동물들과의 접수면접에서 흔히 사용되는 한 가지 구조화된 도구는 '정신상태 조사'이고, 이 조사는 현재의 행동과 인지 지능을 평가하는 구조화된 면접에 따라 이루어진다.

2) 평가

접수면접에서 동물행동상담사는 내담동물보호자의 반려동물에 대한 특징을 파악한다. 즉 동물의 외모, 행동・심리동작활동, 동물행동상담사에 대한 태도, 정서와 기분, 짖음과 으르렁거림, 지각장애, 일상생활에서의 두드러진 장애 등을 평가한다.

3) 제한점

① 동물행동상담사와 내담동물보호자간에 신뢰와 협력관계가 발달할 시간도 없이 민감하고 고통스러운 정보를 논의해야 하는 것이다. 내담동물보호자는 정기적으로 만날 동물행동상담사가 선정되면 다시 자신의 이야기를 반복해서 해야 한다는 생각에 의해 움츠러들 수 있다.

② 직접적인 접수절차가 내담동물보호자에게 동물행동상담사가 질문하고 논의를 인도하기를 기다리는 것과 같은 수동적 역할이 적절한 것이라는 인상을 줄 수 있다.

③ 동물행동상담사는 내담동물보호자에게 효과적인 상담을 위한 상호관계에 관하여 교육시키고 그 과정에 내담동물보호자가 능동적으로 참여하도록 격려하는 책임을 추가로 가지게 된다.

4) 동물행동상담사의 태도

① 접수면접 동안 동물행동상담사는 적절한 적극적 경청기술을 사용하고 감정과 비언어적 행동에 주의함으로써 내담동물보호자를 가능한 편안하게 할 특별한 책임을 가지고 조심스럽게 동물의 문제를 탐색해야 한다.

② 접수면접에서 수집된 자료가 완전하거나 적절한 것이 아닐 수 있으므로 동물행동상담사는 접수면접에서 파악된 내용들을 재조사해야 한다.

③ 접수면접에서 내려지는 진단은 회기가 짧고 정보의 신뢰성이 확인되지 않았기 때문에 항상 잠정적인 것이다.

5) 접수면접에서 파악하는 주요한 정보

① 동물에 대한 기본정보

성별, 생년월일, 주소 또는 연락처, 종교, 신체・정신적 질병에 관한 정보, 투약하고 있는 약이나 영양제, 신체적 결함, 치료경험, 신청경로 등에 대해서 알아본다.

② 외모 및 행동

내담동물의 옷차림, 두발 상태, 표정, 짖을 때의 특징, 시선의 적절성, 면접자와 대면할 때의 태도, 행동, 예절 등에 관한 면접자의 관찰을 기록한다.

③ 호소 문제

내담동물이 상담소에 온 이유, 상담실에 찾아온 목적이나 배경 등을 듣는다. 문제가 발생한 시기, 상황적 혹은 생물학적 배경, 문제가 발전한 시기 및 경로, 현재의 상태와 심각성, 문제와 관련된 다른 동물과의 관계, 사회성, 훈련 상황에 대한 변화에 대해서 듣는다.

④ 현재 및 최근의 주요 기능상태

㉠ 내담동물의 환경적·심리적·생화학적 변화가 최근에 급격히 발생하였을지도 모르며 그런 변화가 내담동물보호자의 문제와 직결되었을 가능성도 높다. 급격한 기능저하가 발생했을 경우 가능한 신속하게 처치를 받을수록 높은 효과가 기대되므로 주요기능에 관한 정보를 수집할 필요가 있다.

㉡ 기능수행정도에 관한 정보는 '현재 기능이 어떠한가?'와 '지난 1년간 어떠했는가?'의 2가지로 파악하는 경우가 많다.

⑤ 스트레스 원

㉠ 내담동물 내담동물보호자에게 스트레스를 주는 원인의 기록은 접수면접체계의 분류체계나 용어를 사용하는 것보다 내담동물보호자의 말과 표현방식에 의거해서 기록하는 것이 바람직하다.

㉡ 내담동물에 따라 스트레스가 될 수 있는 한 현상을 여러 다른 방식으로 표현할 수 있는데 여기에서 그 사람이 환경과 사건들을 지각하는 스타일을 파악한다.

2. 초기 상담

(1) 상담의 진행과정

상담은 내담동물보호자와 처음 만났을 때부터 만남이 종결되기까지의 여러 번의 면접을 거치는 하나의 과정이다. 한 두 번의 면접으로 끝나든 20회 이상의 장기상담이든 상담에는 단계가 있다.

1) 초기 상담

① 주호소 문제탐색

㉠ 내담동물의 내담동물보호자에게 자신의 걱정거리, 문제, 찾아 온 이유를 말하도록 한다.

㉡ 내담동물보호자들은 문제에 대한 책임감을 회피하고 남을 비난하거나 자신이 운명의 피해자라고 느끼기 때문에 전문적인 상담의 필요성을 절실히 느끼지 못하는 경우도 있다.

㉢ 문제의 배경 및 관계요인을 토의 한 후, 내담동물보호자가 상담과정에 적극적으로 참여하도록 해야 한다.

㉣ 진행전략은 내담동물보호자의 말을 주목하면서 그의 비언어적 행동을 관찰하고 문제가 무엇인지 파악하도록 하는 것이다.

㉤ 상담에 대한 내담동물의 내담동물보호자의 기대와 느낌을 명료화 할 필요가 있다.

② 관계 형성

㉠ 솔직하고 신뢰가 되는 관계를 형성하는 것이다.

㉡ 내담동물보호자가 동물행동상담사에게 느끼는 전문적 숙련성・매력・신뢰성 등은 상담효과에 대한 긍정적 기대를 갖게 하는 요인이다.

㉢ 상담의 촉진적 관계를 형성하는 데에는 동물행동상담사의 공감적 이해・성실한 자세・내담동물보호자에 대한 수용적 존중 및 적극적인 경청 등이 필요하다.

③ 목표 설정 및 구조화

㉠ 상담과정의 방향과 골격을 분명히 한다.

㉡ 구조화는 상담의 효과를 최대한도로 높이기 위해 상담의 기본성격・동물행동상담사 및 내담동물 내담동물보호자의 역할한계・바람직한 태도 등을 설명하고 인식시켜 주는 작업이다. 다시 말해 '내담동물보호자 교육'이다.

㉢ 구조화에 포함되는 사항은 상담의 성질, 동물행동상담사의 역할과 책임, 내담동물의 내담동물보호자의 역할 과 책임, 상담의 목표, 시간과 공간적인 제한 등이다.

㉣ 구조화는 상담 초기에만 하는 것이 아니고, 과정이 진행됨에 따라 상담관계에 대한 재구성(재조정)을 할 필요를 느끼면, 그때그때 다시 밝혀 내담동물보호자가 이해하고 전하도록 한다.

♥ *이런 사항을 전달할 때는 요점을 간단히 설명하는 식으로 다음과 같이 말할 수 있다.*

> 먼저 상담이 어떤 것인지를 말해야 할 것 같군요. 상담이란 당신의 동물을 보다 잘 이해하고 문제를 가능한 한 구체적으로 해결하도록 노력하는 것이라 생각합니다. 먼저 ~에 대해 생각나는 것을 자유롭게, 그리고 구체적으로 말해 주십시오. 오늘 이야기 나눌 수 있는 시간은 약 45분이고, 1주일에 1회씩 계속 만나기로 하지요. 혹시 반려동물에 대하여 무슨 의문 나는 점이 있나요?

2) 중기 상담

① 문제 해결의 노력

㉠ 문제에 관한 내담동물보호자의 감정표현을 촉진하고, 제시된 문제를 다시 구체적으로 정의한다.

㉡ 특히 문제의 성질을 명확히 하고 어떤 방법과 절차를 이용할 것인가를 먼저 결정해야 한다.

㉢ 내담동물보호자의 문제의 성질이나 상담에 대한 요구 및 동물행동상담사의 이론적 입장에 따라서 달라진다.

㉣ 문제해결의 노력은 일반적으로 다음과 같은 과정을 거치게 된다.

- 문제에 대해 명확히 정의한다.
- 문제해결을 위한 방향과 가능한 방안을 정한다.
- 문제해결방안에 관련된 정보를 수집한다.
- 수집된 자료를 바탕으로 대처행동을 의논한다.
- 검사와 심리진단자료 등을 참고로 바람직한 행동절차 및 의사소통의 실제 계획을 수립한다.
- 계획된 것을 실제 생활에서 실천해 본다.
- 실천결과를 평가하고 행동계획을 수정・보완한다.

② 자각과 합리적 사고의 촉진

㉠ 자각은 내담동물보호자자신과 동물의 생활과정에서의 주요 경험 및 사건들을 이전보다 분명히 통합된 시야에서 재인식하는 것이다.

㉡ 내담동물보호자가 상담의 목표에 도달하기 위해 필요한 자기이해와 합리적 생각을 갖출 때까시 상담에 적극적으로 참여하도록 한다.

㉢ 내담동물보호자들이 자기탐색 및 사고방식의 변화요구에 대 한 심리적 부담 때문에 상담을 도중에 그만 두려고 하거나 직접・간접의 '저항'이 생길 수 있다.

㉣ 심리적 부담과 저항은 상담의 목표행동에 대한 동물행동상담사・내담동물보호자간의 개념 차이, 목표행동을 위한 수행기술의 부족, 동물행동상담사・내담동물보호자 두사람 사이의 의사소통문제의 차원에서 탐색・조정되어야 한다.

③ 실천행동의 계획

내담동물보호자의 새로운 견해나 인식이 실생활에서 실현되도록 내담동물보호자의 의사결정이나 행동계획을 도울 필요가 있다. 내담동물보호자의 구체적인 행동절차를 협의하고 세부적인 행동계획을 작성하는 것이다.

3) 종결 상담

① 상담의 성과에 대한 평가 및 종결 : 종결은 주로 내담동물보호자와 동물행동상담사의 합의에 의하여 이루어진다. 내담동물보호자가 종결을 희망하더라도 아직 불충분하다는 판단이 들 경우에는 '잘 대처해 나가는지 서로 확인해보기 위해' 상담을 당분간 계속 하도록 권유하는 것이 바람직하다.

② 종결 무렵에는 2주일이나 3주일의 간격을 두고 만나는 것이 바람직하고 종결에 앞서 그동안 성취한 것들을 상담목표에 비추어 평가하거나 목표에 도달하지 못한 이유를 토의해야 한다. 종결 후 문제가 생기면 다시 찾아올 수 있다는 추수상담의 가능성을 제시한다.

③ 상담결과가 만족스럽지 못한 경우에는 상담과 동물행동상담사의 한계에 대해서 명백히 밝히고, 필요하면 다른 기관이나 다른 동물행동상담사에게 의뢰하는 것이 바람직하다.

(2) 첫 면접의 중요성

① 내담동물보호자는 첫 면접에서 어떤 소득을 기대하는가?
- 상담에 대한 긍정적인 기대를 갖도록 하는 것이 중요하다.
- 참 오기를 잘했다'라고 생각할 수 있다면 성공한 것이다.

② 동물행동상담사에 대한 인간적・전문적 신뢰 여부를 판단한다.
- 저 사람 믿을만한 사람인가?, 상담을 받으면 효과는 있을까?

(3) 첫 면접의 목표

첫 면접에서는 두 가지 목표가 있다. 하나는 내담동물보호자로 하여금 자기가 말하고 싶은 것을 안심하고 이야기 할 수 있는 분위기를 조성하는 것이고, 다른 하나는 내담동물보호자로 하여금 동물행동상담사가 경청하고 있고, 그의 말을 이해하고 있음을 인식하도록 하는 것이다.

동물행동상담사는 첫 면접을 통해서

① 내담동물보호자의 문제 및 배경요인을 탐색하고,
② 적절한 상담계획을 수립하고,
③ 상담에 대한 기대 및 동기를 형성해야 한다.

(4) 초기 상담의 단계

1) 상담관계의 준비 및 형성

① 화제의 유도

㉠ 상담 초기단계에서 내담동물보호자가 신뢰감이 생기지 않은 동물행동상담사에게 이야기하는 것은 어려운 일이다.

㉡ 동물행동상담사는 다음과 같은 선도적 반응을 통해서 내담동물보호자가 이야기를 시작하도록 도울 수 있다.

- 제가 어떤 점을 도와드리면 좋겠습니까?, 무슨 이야기부터 하고 싶으십니까?

② 물리적 배치

상담실은 가능한 편안한 분위기를 조성하도록 한다. 예) 의자, 테이블, 커튼 등.

2) 호소 문제 탐색

① 내담동물보호자가 어려움을 겪고 있는 문제

② 상담에서 도움을 받았으면 하는 문제

③ 하필이면 왜 지금 여기에 찾아 왔는가?

동물행동상담사는 내담동물보호자의 호소문제 탐색 뿐 아니라 그러한 문제를 가지고 살아가다가 지금 이렇게 찾아오게 된 경위를 탐색하는 것이 가장 중요하다. 이를 통해 내담동물보호자로 하여금 문제를 겪도록 만든 촉발 요인을 알아낼 수 있고, 이 촉발요인은 문제를 해결하기 위한 동물행동상담사의 일차적인 개입대상이 된다.

④ 과거에 비슷한 문제는 없었는가?

예전에도 비슷한 문제를 경험한 적이 있는지, 있다면 구체적으로 어떤 문제였는지, 그 때 당시에는 그것을 어떻게 처리하고 해결했는지 등을 알아봐야 한다. 과거에도 비슷한 문제로 고통 받은 적이 있다면 현재의 일시적인 상황적 요인보다는 내담동물보호자의 성격이나 가족 상황 등과 같은 비교적 지속적이고 뿌리 깊은 문제들이 현재의 문제와 관련되어 있을 가능성이 있다. 이 경우 현재의 문제와 관련된 과거의 문제들 역시 상담의 초점이 되어야 한다.

3) 문제의 발생 배경 탐색

① 발생 시기 : 언제부터 그러한 문제가 발생했는가?

② 촉발사건

- 그 시기에 관련된 사건이 있지 않았는가?
- 어떻게 해서 그러한 문제가 생기게 되었는가?

③ 문제에 대한 대처 방식 : 문제에 대한 지각, 느낌, 대처행동 등

④ 문제 발달 과정 : 문제는 이후 어떻게 발달 되었는가

⑤ 현재 상태 : 지금은 그러한 문제가 어떠한 상태인가?

4) 동물의 성장배경 : 중요한 경험과 발달 상태 탐색

내담 동물의 종류와 품종에 따라 중요한 성장 월령에 맞는 발달 상태인지, 중요한 영향을 줄 수 있는 경험은 없었는지 확인한다.

5) 상담의 목표정하기

상담의 목표가 분명할수록 상담이 순조롭게 진행되므로 상담 초반기에 목표를 분명히 해야 한다. 상담의 최우선 목표는 내담동물보호자가 호소하는 문제의 해결이다.

① 1차적 목표

내담동물보호자가 상담을 받고자 하는 문제를 성공적으로 해결하여 내담동물보호자와 반려동물의 생활 적응을 돕는 것이 일차적 목표가 된다. 이런 의미에서 일차적 목표는 '증상 및 문제 해결적 목표'라고 불린다.

예1) 문제행동이 심한 반려동물과의 관계에서 불편을 경험하는 내담동물보호자의 경우에는 상담의 1차적 목표는 그러한 불편을 직접적으로 해소하는 것이다.

예2) 반려동물의 공격성 때문에 고통을 겪는 내담동물보호자의 경우에는 반려동물의 공격성으로 인한 행동 완화가 상담의 일차적 목표이다.

② 2차적 목표

내담동물의 성격을 재구조화하여 인간적 발달과 인격적 성숙을 이루는 것은 상담의 2차적 목표에 해당한다. 이런 의미에서 이차적 목표는 '성장촉진적 목표'라고 불린다.

예) 반려동물의 잠재력 개발, 반련동물성격의 재구조화

6) 상담 목표 설정 시 고려 사항들

① 상담목표는 구체적이고 명확해야 한다.

일반적이고 모호한 목표를 설정하게 되면 그러한 목표를 상담에서 달성했는지의 여부를 판가름할 수 있는 준거가 명확하지 않게 된다.

예) '동물친구들과 원만한 관계를 유지하기'라는 상담목표를 세웠을 경우, 동물 친구들과 관계를 어떻게 맺고 유지해 나가야 원만한 관계인지를 판가름하기 쉽지 않아 처음 설정한 목표를 얼마나 달성했는지를 확인하기 어렵다. 이 경우 상담목표는 '동물친구들과 같이 산책하러 가기'라든가, '동물친구들과 같이 먹이 먹기' 등과 같은 일련의 구체적이고 명확한 목표들로 대치하는 것이 바람직하다.

② 목표의 현실성

상담목표는 현실적으로 내담동물보호자가 처한 환경에서 달성이 가능한 것이라야 한다. 즉, 반려동물의 하기 어려운 행동수정을 목표로 상담목표를 설정하는 것은 현실성이 없다. 상담에서 비현실적인 목표를 설정하는 것의 문제점은 그러한 목표를 달성하지 못하는 데에만 그치는 것이 아니라 내담동물보호자에게 또 다른 커다란 심리적 좌절경험을 주게 된다. 따라서 동물행동상담사는 상담 초반기에 달성 가능한 목표를 내담동물보호자와 함께 세우는 것이 필요하다.

③ 문제의 축약

내담동물보호자들이 호소하는 여러 가지 문제들을 유사한 원인을 가지는 몇 가지 주요 문제들로 압축하는 것을 말한다. 만일 내담동물보호자가 10가지의 문제들을 호소했다면 그 문제들을 원인별로 분류하여 3가지 정도의 문제군으로 묶는 것이 일련의 방법이다.

여러 가지 증상들에 기본이 되는 공통요인을 찾아야 하고 이것이 내담동물의 내담동물보호자의 어떤 행동과 관련이 있는가를 탐색해 보는 것도 중요하다. 동물행동상담사는 그러한 공통요인의 해결에 상담의 주된 목표를 둘 수 있게 된다. 이렇게 되면 몇 가지 증상들을 일일이 해결하는 것보다 상담이 훨씬 더 효율적으로 진행될 수 있다.

9) 구조화 : 상담의 진행방식의 합의

효율적인 상담진행을 위해 상담에서 내담동물보호자가 준수해야 할 일들과 상담의 기본적 진행방식 등에 대해 내담동물보호자에게 안내하거나 설명하는 행위이다.

① 상담기간 및 시간에 대한 협의

상담이 효율적으로 진행되기 위해서는 먼저 동물행동상담사와 내담동물보호자가 얼마나 오랫동안 그리고 얼마만의 시간 간격으로 만날 것인지, 한 번 만났을 때 시간을 얼마 동안 지속할 것인지 등에 대해서 미리 합의해야 한다.

㉠ 한 회기(50분) : 대부분의 상담은 일주일에 한 번씩 진행되며 한번 만날 때마다 50분 가량 대화를 나누는 것이 보통이다.

㉡ 상담을 얼마나 오랫동안 할 것인지는 내담동물보호자가 호소하는 문제의 성질, 내담동물보호자의 심리적 특성, 내담동물보호자가 처한 생활환경 등에 따라 달라진다.

따라서 모든 동물행동상담사들에 대해 획일적인 상담 기간(예: 10회 또는 20회 등)을 정할 수는 없고 내담동물보호자와 동물행동상담사의 사정에 따라 달라진다. 그래도 동물행동상담사는 전체 상담기간에 대해서 대략적인 기간을 추정하여 알려주고 그에 관해 미리 동의를 구하는 것이 바람직하며, 기간은 변경될 수 있음을 알려준다.

② 동물행동상담사 역할의 구조화

동물행동상담사는 내담동물보호자가 자신의 문제를 해결하기 위해 최대한의 노력을 할 수 있도록 유도해야 한다.

예1) 동물행동상담사는 문제를 해결해주는 사람이 아니다. 다만 내담동물보호자가 원하는 것을 스스로 해결할 수 있도록 도와주는 역할을 한다.

예2) 동물행동상담사는 내담동물보호자를 끌고서 '여기로 가라. 저기로 가라'라고 말해주는 사람이 아니다. 혼자 갔을 때 잘못된 길로 갈수도 있고, 멀리 돌아갈 수 있기에 동물행동상담사는 내담동물보호자 옆에서 함께 가며 좀 더 나은 길로 갈 수 있도록 안내하는 역할이다.

③ 내담동물보호자 역할의 구조화

㉠ 자발적인 참여

내담동물보호자가 자신의 심리적 문제, 자기 자신, 생활 배경, 살아온 과정 등 상담에 도움이 될 만한 것이라면 아무리 하찮은 것이라도 동물행동상담사에게 이야기해야 한다는 것을 잘 이해시킬 필요가 있다.

㉡ 상담과 동물행동상담사에 대한 합리적 기대

내담동물보호자는 상담과 동물행동상담사에 대해 비합리적인 기대를 할 수 있으므로 동물행동상담사는 상담초기에 내담동물보호자가 상담과 동물행동상담사에 대해 어떤 기대를 가지고 있는지를 확인하고, 그러한 기대들 중 바람직한 것은 격려하고, 비합리적인 기대들은 합리적인 기대로 대치할 수 있도록 내담동물보호자와 충분한 대화를 나누는 것이 필요하다.

④ 내담동물보호자 행동의 제한

이 공간은 내담동물보호자가 원하는 무엇이든지 할 수 있지만, 기물파손이나 신체적 공격은 허용되지 않는다는 것을 알려주어야 한다.

(5) 촉진적 상담관계의 형성

1) 초기 상담의 목적 중에 내담동물보호자가 자신의 관심사를 자유롭게 말할 수 있도록 편안하고 수용적인 분위기를 조성하는 것이다.

2) 상담의 진전과 성공에 영향을 주는 촉진적인 관계를 형성하는 요소로는 끊임없이 내담 동물보호자를 이해하려는 진지한 자세, 모든 것을 내담동물보호자 입장에서 생각해 보려는 내담동물보호자 중심적인 태도, 비난하거나 비판하기 보다는 존중하고 수용하는 허용적 자세, 어떤 가식도 하지 않는 진솔하고 솔직한 태도, 내담동물보호자를 도와주고자 하는 인간적 자세 등이다.

3) 상담 초기 좋은 관계가 형성될 때 성공적인 결과의 가능성이 증가한다.

(6) 첫 면접의 성공여부를 평가하는 기준

동물행동상담사가 첫 면접의 성공도를 측정하기 위해 다음과 같은 질문형식의 기준을 생각해 볼 수 있다.

1) 내담동물보호자가 면접에서 얼마나 편안했는가?
2) 내담동물보호자는 이 면접하는 동안에 얼마나 편안하게 보냈는가?
3) 동물행동상담사 자신이 편안한 상태에 있었는가? 혹은 위축되거나 불편한 기색을 보여 주었는가?
4) 내담동물보호자가 긴장을 느끼지 않는 것으로 보였는가?
5) 동물행동상담사가 주의 깊게 경청하려고 노력했는가?
6) 동물행동상담사가 경청하고 있다는 것을 내담동물보호자의 반응·행동으로 입증되었는가?
7) 내담동물보호자가 말하는 것을 이해하였는가? 이해한 내용을 내담동물보호자에게 전달해 주었는가?
8) 동물행동상담사가 이해하고 있다는 것을 내담동물보호자가 나의 행동을 통해서 알았는가?
9) 동물행동상담사가 내담동물보호자의 말을 잘 이해하지 못했을 때, 이해하려고 내담동물보호자에게 도움을 청했는가?
10) 내담동물보호자 쪽에서 자기를 이해하도록 동물행동상담사를 도와주었는가?
11) 내담동물보호자로 하여금 스스로 말하도록 하지 않고 혹시 심문식의 선도 반응을 하지는 않았는가?
12) 내담동물보호자가 "핵심을 이야기해야 한다"는 압력을 느끼지는 않았는가?
13) 내담동물보호자가 상담을 받으려는 동기를 보였는가? 내담동물보호자의 그런 욕구를 내가 만족시켰는가?
14) 내담동물보호자가 자유로이 자기에 관해 이야기할 수 있도록 긴장이 되지 않는 편안한 분위기를 조성했는가?

(7) 동물행동상담사가 내담동물보호자의 이완을 촉진하고 억제를 감소시키는 방법

1) 동물행동상담사가 먼저 불편하지 않게 보여야 한다 .

동물행동상담사가 긴장하지 않고 있다는 것을 보이는 매개체로는 어조, 말하는 속도, 말의 유창함, 자세, 특히 눈과 입을 통한 안면표정, 시선의 초점 등이 있다.

2) 경청하고 주목한다.

중도에 말을 끊지 않고 스스로 말하고 싶은 만큼 말하도록 한다. 최대한 내담동물보호자의 말을 이해하고 있음을 전달한다.

3) 내담동물보호자가 자유롭게 말하게 한다.

상담의 초기단계에서는 질문 및 요구를 하지 않고, 내담동물보호자의 행동에 대한 평가를 하지 않으며, 또한 내담동물보호자가 말하는 내용 중 애매한 부분을 분명하게 설명하도록 요구하지도 않는다. 내용의 명료화 자체도 중요하지만, 초기 단계에서는 내담동물보호자 자신이 자유롭게 이야기하는 것이 더 중요하다. 이 단계에서 동물행동상담사가 이해하고 싶은 것에 대해 명확하게 말할 것을 요구하면 대신 내담동물보호자 쪽에서 중요하게 여기는 대화 흐름을 막게 된다.

3. 중기 단계

(1) 중기 상담의 특징

1) 상담 초기 단계의 끝 무렵부터 시작해서 상담의 목표가 어느 정도 달성되기까지의 전체과정을 말한다.
2) 상담 초기에 계획한 상담목표를 해결하기 위한 구체적인 상담 작업이 이루어지는 시기로 문제 해결 단계라고도 한다. 다양한 상담 기법과 접근이 사용되는 상담의 핵심적 단계이다
3) 내담동물보호자가 호소하는 문제를 해결하기 위해 여러 상담기법이나 방법들을 사용한다.

(2) 과정적 목표의 설정 및 달성

초기 단계에서 설정되었던 상담의 목표를 달성하기 위해서는 그러한 목표에 도달하기까지 어떤 중간 지점을 지나야 하는데 그러한 중간 지점을 상담의 과정적 목표라고 한다.

예를 들면 학업 성적이 떨어져서 고민하는 학생과 상담하는 경우, 그 학생의 학업성적을 올리기 위해서는 우선 학업에 대한 동기를 고취시키고, 효율적인 학습방법을 익히도록 해야 한다. 그렇다고 해서 학업성적이 저절로 올라가는 것이 아니라 학업을 방해하는 기타 요소(예: 같이 놀자고 하는 친구들의 유혹, 컴퓨터 게임을 하고 싶은 욕구)들에 대한 통제 능력도 길러주어야 한다. 이러한 세 가지의 과정적 목표를 달성하지 않고서는 성적 향상이라는 당초의 목표는 결코 달성될 수 없다.

⇒ 1) 상담목표 : 학업성적 올리기
2) 과정적 목표 : ① 학업에 대한 동기 고취
② 효율적인 학습방법 익히기
③ 학업 방해 요인에 대한 통제 능력 획득
예) 놀자고 하는 친구들의 유혹, 컴퓨터 게임, TV시청

4. 종결 단계

(1) 종결은 언제 하는가?

내담동물보호자의 인간적 성장은 어느 한 시점에서 끝나는 것이 아니고 끊임없이 계속되는 과정이다. 따라서 어떠한 상담사례도 '이제는 필요 없다.'거나 '완전히 해결됐다.'는 의미로는 종결될 수 없다. 종결에는 성공적 상담종결, 비성공적 상담 종결, 상담관계의 한계로 인한 종결이 있다.

1) 성공적 상담종결

내담동물보호자가 원했던 변화가 일어나게 되면 상담이 종결된다. 즉, 우울과 외로움이 상담에서 해결하고자 했던 문제라면. 우울과 외로움이 현저히 완화되었을 때 상담이 종결되는 것이다.

2) 비성공적 상담종결

모든 상담이 성공적으로 종결되는 것은 아니다. 동물행동상담사의 전문적인 노력에도 불구하고 초기에 설정했던 목표달성에 실패하는 경우도 있고. 내담동물보호자가 상담이 도움이 되지 않는다고 생각하고 상담을 거부하는 경우도 있는데 이경우 비성공적 상담종결에 해당된다.

3) 상담관계의 한계

내담동물보호자 및 동물행동상담사의 사정, 경제적 여건, 시간적 여건 등으로 상담을 더 이상 지속하지 못하는 것이다.

(2) 종결 계획하기

1) 상담 초기부터 치료목표와 함께 어느 정도 상담이 지속될 것인지 내담동물보호자에게 종결 시점을 미리 이야기해야 한다.
2) 초기 상담목표이 달성에 대해 내담동물보호자가 스스로 지속시켜 나갈 수 있다고 판단될 때에는 상담을 종결해야 한다.
3) 상담을 종결할 때에는 치료과정에서의 경험을 요약, 상담성과를 확인, 치료목표와 과정을 점검해야 한다.
4) 종결 이후 내담동물보호자가 변화를 어떻게 지속시켜 나갈 것인지 다루어져야 한다.

(3) 종결의 의미

1) 심리적 재탄생으로서의 종결

상담을 통해 문제를 해결하고 삶에 대한 용기와 자유를 회복하게 되는 것이다.

2) 타협 형성으로서의 종결

내담동물보호자나 동물행동상담사가 더 이상 상담을 지속하기 어려울 때 종결하는 것이다.

3) 성과 다지기로서의 종결

① 종결은 급격히 이루어지기보다 일정한 과정을 거쳐 서서히 이루어지는 것이 바람직하다.
② 종결 3~5회기 전에 종결 날짜를 언급하고 준비해야 한다.
③ 회기의 시간간격을 점진적으로 늘려가는 것이 좋다.

(4) 성공적인 종결의 조건

1) 문제 증상의 완화

내담동물보호자의 호소 문제를 해결하는 것이 중요하다.

2) 현실 적응력의 증진

문제증상 완화 뿐 아니라 현실생활을 제대로 하기 위한 능력을 갖추도록 해야 하고, 관계 개선을 통해 사회적 지지자원을 확보하는 것이 중요하다.

3) 성격 기능의 변화

스트레스 자극에 효과적으로 대처할 수 있는 성격 기능을 증진시키는 것이 중요하다.

(5) 종결할 때 다루어져야 할 내용

1) 상담에 대한 평가

① 내담동물보호자가 상담 초기에 어떠한 상태였고 무엇을 도움받기 바랬나?
② 상담 초기에 비해 무엇을 배우고 나아졌는가?, 가장 도움 받은 것은 무엇인가?
③ 무엇을 배웠는가? 무엇을 변화해갔는가?

④ 현재 남아있는 문제들은 무엇이 있는가?
- 상담을 처음 받으러 왔을 때 내담동물보호자분이 도움 받기 원했던 문제는 무엇이었나요?
- 상담을 해가면서 어떠한 도움을 받았고 변화가 있었나요?
현재는 그러한 문제들이 어느 정도 나아지셨나요?
- 아직 해결되지 않고 남아있는 문제들은 어떠한 것들이 있나요?

⑤ 평가도구 : 동물행동체크리스트, 회기별 평가

2) 종결에 대한 감정 다루기

① 내담동물보호자들은 대부분 자신이 상담을 종결할 준비가 되어 있는지에 대해 확신을 가지지 못하는 경우가 많다.

② 상담을 통해 변화된 것을 알고 있기는 하지만 종결 후 동물행동상담사의 도움을 받지 않은 상태에서 다시 문제가 재발할지 모른다는 불안감을 느끼기 때문에 불안을 충분히 다루고 상담으로 학습한 사고, 행동에 대해 재확인하고 스스로에 대한 자신감을 가질 수 있도록 안내해야 한다.

② 동물행동상담사 또한 내담동물보호자의 상담관계 종결에 대한 감정을 충분히 살펴보고 내담동물보호자에게 부정적인 영향을 주지 않도록 유의하면서 표현할 수 있다.

3) 종결 후 상담효과를 지속시키기

상담효과를 지속시키기 위해서는 상담을 통해 얻은 행동들을 삶에서 어떻게 유지시켜 나갈 것인가를 내담동물보호자에게 묻고 대처 방법에 대해 미리 논의한다.

① 종결 후 내담동물보호자에게 닥칠 어려운 상황들을 미리 예견해보고 그러한 상황을 어떻게 다루겠는가?

② 상담효과가 오래 유지되지 못하고 이전으로 돌아간다면 어떻게 하겠는가?
㉠ 어떻게 대처할 것인지 내담동물보호자에게 묻는다. 동물행동상담사와 함께 대처 방법에 대해 미리 논의한다.
㉡ 면역력 증진(자원 및 장점, 대처 방법 재확인)방법, 문제행동 예방방법에 대하여 논의한다.

③ 동물행동상담사의 역할을 내담동물보호자가 자신에게 할 수 있도록 대안적인 생각 및 행동을 탐색하도록 안내해주고, 수용해 주고 지지해준다.

④ 종결되더라도 동물행동상담사가 어떤 방식으로든 도움을 줄 의사가 있음을 전달한다.

즉, 힘든 상황에서 스스로 해결하도록 최선을 다해보세요. 그럼에도 불구하고 도저히 어려운 경우에 부딪힐 때는 "제게 연락을 하셔도 좋습니다."라고 설명해 주고 내담동물보호자의 연락처, 이메일 주소 등을 확인한다.

4) 추후 면접계획

① 보통 상담을 종결한 후 일정기간(한 달 또는 3개월)이 지난 후 전화나 면담을 통해 이루어진다.
② 상담 효과를 종결 이후에 재평가하고 종결 후에도 유지될 수 있도록 하기 위해서이다.
③ 상담 종결 시 내담동물보호자에게 추후 면접이 있음을 안내하여 동의를 구해야 한다.
④ 내담동물보호자에게 상담효과를 유지시키려는 노력을 하도록 강화하는 역할을 한다.

5) 성공적인 상담의 기준설정과 과정의 주의점

① 내담동물보호자가 일반화하거나 분명히 의식하지 못하는 문제를 동물행동상담사가 행동적 차원에서 구체화시켜야 한다.
② 내담동물보호자가 제시하는 문제 영역 중에서 가장 중요하면서도 성취 가능한 목표를 중심으로 기준을 설정해야 한다.
③ 내담동물보호자에게 너무 계량적 분석의 인상을 주지 않으면서도 동물행동상담사의 접근방식은 '언제, 누구와 어디서 어떻게 하여 어떤 결과로 나타났고 결과를 어떻게 받아들이는가? '식의 이른바 6하 원칙에 따르는 것이 바람직하다.

Ⅳ. 상담 윤리

학습목표

1. 상담자가 준수해야 할 태도와 윤리 문제를 이해한다.
2. 바람직한 상담관계의 조건과 책임을 이해한다.
3. 비밀보장 원칙의 필요성과 제한 요건을 이해한다.

1. 전문가로서의 태도

(1) 전문가로서의 태도

1) 전문적 능력

① 자신의 교육, 수련, 경험 등에 의해 준비된 범위에서 전문적인 서비스와 교육을 제시한다. 자신의 능력의 한계를 인정하고 교육이나 훈련, 경험을 통해 자격이 주어진 상담 활동만을 한다.

② 자신이 가진 능력 이상의 것을 주장하거나 암시해서는 안 되며, 타인에 의해 능력이나 자격이 오도되었을 때에는 수정해야 한다.

③ 자신의 활동 분야에 있어서 최신의 과학적이고 전문적인 정보와 지식을 유지하기 위해 지속적인 교육과 연수의 필요성을 인식하고 참여한다.

④ 동물행동상담사는 내담동물보호자의 권리 및 동물행동상담사 자신의 상담에 대한 윤리관의 중요성을 충분히 인식하고 있어야 한다. 또한 어떤 경우에라도 내담동물보호자의 인간으로서의 가치는 존중받고 보호되어야 한다.

2) 성실성

① 자신의 신념체계, 가치, 제한점 등이 상담에 미칠 영향력을 자각하고, 내담동물보호자에게 상담의 목표, 기법, 한계점, 위험성, 상담의 이점, 자신의 감정과 제한점, 심리검사와 보고서의 목적과 용도, 상담료, 상담료 지불방법 등을 명확히 알린다.

② 능력의 한계나 개인적 문제로 내담동물보호자를 적절히 도와줄 수 없을 때에는 상담을 시작해서는 안 되며, 다른 동물행동상담사나 정신건강 전문가에게 의뢰하는 등 내담동물보호자를 도와줄 수 있는 방법을 강구한다.

③ 동물행동상담사의 질병, 죽음, 이동, 또는 내담동물보호자의 이동이나 재정적 한계 등과 같은 요인에 의해 상담이 중단될 경우에 대한 적절한 조치를 취해야 한다.

④ 상담을 종결하는 데 있어서 어떤 이유보다도 우선적으로 내담동물보호자의 관점과 요구에 대해 논의해야 하며 내담동물보호자가 다른 전문가를 필요로 할 경우에는 적절한 과정을 거쳐서 의뢰한다.

⑤ 동물행동상담사는 내담동물보호자와 새로운 상담관계를 시작하기 전에 상담의 목적과 목표, 상담에서 사용되는 기법, 상담에서 서로 지켜야 할 규칙들, 그리고 상담관계에 영향을 미칠 수 있는 여러 가지 가능한 제한점들에 대해 내담동물보호자에게 미리 알려주어야 한다.

⑥ 상담관계를 결정하는데 미치는 요인을 미리 알려야 한다.
동물행동상담사는 예비내담동물보호자에게 상담을 시작하려는 내담동물보호자의 결정에 영향을 미칠 수 있는 상담관계의 주요 측면들에 대해 미리 알려 주어야 한다.

(2) 상담 성과와 관련된 윤리 문제

1) 내담동물보호자가 도움을 받지 못할 때

① 내담동물보호자가 상담관계로부터 별다른 이익을 얻지 못한다는 것이 확실하다면 상담관계를 종결하도록 시도하고, 내담동물보호자와 상의 하에 도움을 줄 수 있는 다른 전문가에게 의뢰하는 등의 조치를 취한다.

② 동물행동상담사는 우선 내담동물보호자에 대한 책임이 있다.

③ 내담동물보호자가 호소하는 문제들을 해결함으로써 내담동물보호자의 복리를 증진시켜야 할 의무가 있다.

2) 내담동물보호자가 진전이 없는데도 종결을 거부할 때

내담동물보호자가 상담시간에 꼬박꼬박 오기는 하지만 상담에서 이야기할 것이 정말 없거나, 동물행동변화를 위한 내담동물보호자의 태도 변화를 위해 노력하려는 태도가 안 보이는 내담동물의 내담동물보호자의 경우에는 변화를 시도할 수 있도록 동물행동상담사가 여러 차례 개입하였지만 별다른 반응을 보이지 않는다면 동물행동상담사는 내담동물보호자상담을 종결하여야한다.

3) 더 이상 상담을 유지하기 어려운 기관에 있을 때

① 내담동물보호자가 동의하면 긴밀한 협조관계를 유지해야 한다.

② 내담동물보호자가 거절하면 내담동물보호자가 상담을 지속하는 데서 생길 수 있는 문제들, 중단했을 때의 문제들, 처한 현실, 동물행동상담사 자신의 한계 등을 충분히 숙고하고 내담동물보호자와 다루어야 한다.

2. 상담 관계

(1) 사회적 책임

1) 사회와의 관계

① 상담비용을 책정할 때 내담동물보호자의 재정 상태와 지역성을 고려해야 한다. 책정된 상담료가 내담동물보호자에게 적절하지 않을 때에는 가능한 비용에 적합한 서비스를 받을 수 있는 방법을 찾아줌으로써 내담동물보호자를 돕는다.

② 상담전문가가 되기 위해 수련하는 학회회원에게는 상담료나 교육비책정에 있어서 특별한 배려를 한다.

2) 고용기관과의 관계

① 자신이 종사하는 기관의 목적과 방침에 공헌할 수 있는 활동을 할 책임이 있다. 만일 자신의 전문적 활동이 기관의 목적과 모순되고, 직무수행에서 갈등이 해소되지 않을 때에는 기관과의 관계를 종결해야 한다.

② 근무기관의 관리자 및 동료들과의 관계를 통해서 상담업무, 비밀보장, 공적 자료와 개인 자료의 구별, 기록된 정보의 보관과 처분, 업무량, 책임에 대한 상호간의 동의가 이루어져야 한다. 이러한 동의는 구체적이어야 하며, 관련된 모든 사람이 알고 있어야 한다.

3) 상담기관 운영자

① 상담기관 운영자는 다음 목록을 작성해 두어야 한다. 기관에 소속된 동물행동상담사

의 증명서나 자격증은 최고 수준의 것으로 하고, 자격증의 유형, 주소, 연락처, 직무 시간, 상담의 유형과 종류, 그와 관련된 다른 정보 등이 정확하게 기록되어야 한다.

② 상담을 홍보하고자 할 때는 일반인들에게 상담의 전문적 활동, 전문지식, 활용할 수 있는 상담기술 등을 정확하게 알려주어야 한다.

4) 다른 전문직과의 관계

① 자신의 방식과 다른 전문적 상담 접근을 존중해야 한다. 동물행동상담사는 함께 일하는 다른 전문적 집단의 전통과 실제를 알고 이해해야 한다.

② 공적인 자리에서 개인 의견을 말할 경우, 동물행동상담사는 그것이 자신의 관점에서 나온 것이고, 모든 동물행동상담사의 견해를 대변하는 것이 아님을 분명히 해야 한다.

③ 내담동물보호자가 다른 기관의 서비스를 받고 있음을 알게 되면, 내담동물보호자의 동의하에 상담 사실을 그 기관의 동물행동상담사에게 알리고 긍정적이고 협력적인 치료관계를 맺도록 노력한다.

5) 자 문

① 자문

개인, 집단, 사회단체가 전문적인 조력자의 도움이 필요하여 요청한 자발적인 관계를 말하는데, 동물행동상담사는 자문을 요청한 내담동물보호자나 기관의 문제 혹은 잠재된 문제를 규명하고 해결하는 데 도움을 준다.

② 자문 관계

내담동물보호자가 스스로 성장해 나가도록 격려하고 고양하는 것이어야 한다. 동물행동상담사는 이러한 역할을 일관성 있게 유지해야 하고, 내담동물보호자가 스스로의 의사결정자가 되도록 도와주어야 한다.

(2) 인간권리와 존엄성에 대한 존중

1) 내담동물보호자 복지

① 내담동물보호자의 잠재력을 개발하여 건강한 삶을 영위하도록 도움을 주며, 어떤 방식으로도 해를 끼치지 않는다. 내담동물보호자로 하여금 의존적인 상담관계를 형성하지 않도록 노력하여야 한다.

② 동물행동상담사는 상담관계에서 오는 친밀성과 책임감을 인식하고, 개인적 욕구충족을 위해서 내담동물보호자를 희생시켜서는 안 된다.
   ㉠ 내담동물보호자에 대한 개인적 욕구와 영향력을 충분히 자각하고 있어야 한다.
   ㉡ 내담동물보호자의 신뢰와 의존을 동물행동상담사 자신을 위해 이용해선 안 된다.

2) 내담동물보호자의 권리

① 내담동물보호자는 비밀유지를 기대할 권리가 있고 자신의 사례기록에 대한 정보를 가질 권리가 있으며, 상담계획에 참여할 권리, 어떤 서비스에 대해서는 거절할 권리, 거절에 따른 결과에 대해 조언을 받을 권리 등이 있다.
② 내담동물보호자에게 상담에 참여 여부를 선택할 자유와 어떤 전문가와 상담할 것인가를 결정할 자유를 주어야 한다. 내담동물보호자의 선택을 제한하는 제한점은 내담동물보호자에게 모두 설명해야 한다.
③ 반려동물은 자발적인 동의를 할 수 없으므로 내담동물보호자가 상담의 대리인이다. 이때 내담동물보호자의 복지를 염두에 두고 동물행동상담사는 상담요금과 상담행동에 대한 책임감있는 행동을 해야한다.

(3) 상담관계

1) 이중 관계

① 객관성과 전문적인 판단에 영향을 미칠 수 있는 이중관계는 피해야 한다. 가까운 친구나 친인척 등을 내담동물보호자로 받아들이면 이중관계가 되어 전문적 상담의 성과를 기대할 수 없으므로 다른 전문가에게 의뢰하여 도움을 준다.

알고가기

〈 우호적인 친분 관계일 경우 〉

✓ 개인적 친분관계를 계속 유지하는 것이 치료적 활동에 영향을 줄 수 있다.
✓ 친인척이나 가족일 경우 지나치게 밀착되어 있거나 얽혀 있다.
✓ 동물행동상담사는 내담동물보호자에 비해 상담관계에서 더 많은 영향력을 행사하는 위치에 있다.

② 상담할 때에 내담동물보호자와 상담 이외의 다른 관계가 있다면, 특히 자신이 내담동물보호자의 상사이거나 지도교수 혹은 평가를 해야 하는 입장에 놓인 경우라면 내담동물보호자를 다른 전문가에게 의뢰한다.

그러나 다른 대안이 불가능하고 내담동물보호자의 상황을 판단해 볼 때 상담관계 형성이 가능하다고 여겨지면 상담관계를 유지할 수 있다. 그러나 상담 외 관계로 인해 상담관계에서 부당한 영향력을 내담동물보호자에게 행사할 위험성이 있다.

③ 특별한 경우를 제외하고는 내담동물보호자와 상담실 밖에서 사적인 관계를 유지하지 않도록 한다.

④ 내담동물보호자와의 관계에서 상담료 이외의 어떠한 금전적・물질적 거래관계도 맺어서는 안 된다.

2) 성적 관계

① 내담동물보호자와 어떠한 종류이든 성적(애정)관계는 피해야 한다. 내담동물보호자는 도움받기 위해 온 사람이고 동물행동상담사는 전문적 도움을 주는 위치에 있기 때문에 기능상 동물행동상담사는 상담에서 내담동물보호자보다 우월한 위치에 있다.

㉠ 동물행동상담사에게 공포, 두려움, 절망, 성적인 욕구나 갈등과 같은 내적인 깊은 이야기들을 한다. 따라서 동물행동상담사가 내담동물보호자의 이러한 취약한 부분을 이용하려 한다면 그것은 명백히 비윤리적인 것이다.

㉡ 내담동물보호자에 대해서는 동물행동상담사에 대한 의존성을 조장할 위험이 있고, 동물행동상담사에 대해서는 내담동물보호자에 대한 객관성을 상실하게 할 위험성이 있다.

② 이전에 성적인 관계를 가졌던 사람을 내담자로 받아들이지 않는다.

③ 상담관계가 종결된 이후 최소 2년 내에는 내담동물보호자와 성적 관계를 맺지 않는다. 상담 종결 이후 2년이 지난 후에 내담동물보호자와 성적 관계를 맺게 되는 경우에도 동물행동상담사는 이 관계가 착취적인 특성이 없다는 것을 철저하게 검증해야 한다.
④ 애정적인 관심은 치료적 맥락에서 처리되어야 할 문제이기 때문에 애정적인 관심과 둘 간의 애정적인 관계는 구분해야 한다.
⑤ 자신의 힘으로 해결할 수 없다면 다른 전문가의 도움을 받거나 상담관계를 종결해야 한다.

3) 여러 명의 내담동물보호자와의 관계

① 서로 관계를 맺고 있는 둘 혹은 그 이상의 내담동물보호자들(예: 남편과 아내, 부모와 자녀)에게 상담을 제공할 것을 동의할 경우, 누가 내담동물보호자이며 각 사람과 어떠한 관계를 맺게 될지 그 특성에 대해 명확히 하고 상담을 시작해야 한다.
② 동물행동상담사로 하여금 잠재적으로 상충되는 역할을 수행하도록 요구한다면, 그 역할에 대해 명확히 하거나 조정하거나 그 역할로부터 벗어나도록 한다.

3. 비밀 보장

(1) 정보의 보호

1) 사생활과 비밀보호

① 사생활과 비밀유지에 대한 내담동물보호자의 권리를 최대한 존중해야 할 의무가 있다. 비밀보장이 된다는 조건하에 얻어진 정보로 상담에서 내담동물보호자의 정보는 일종의 위임된 비밀정보이다.
② 내담동물보호자의 사생활 침해를 최소화하기 위해서 문서 및 구두상의 보고나 자문 등에서 실제 의사소통된 정보만을 포함시킨다.
③ 내담동물보호자가 상담에서 자신이 말한 내용에 대한 비밀이 지켜지지 않을지도 모른다는 생각을 가지고 있다면 순조로운 상담의 진행은 불가능해질 것이다.

④ 동물행동상담사는 상담에서의 비밀보장을 내담동물보호자에게 약속해야 한다. 내담동물보호자의 사생활에 대한 관심을 지니거나 묻지 않는다. 또한 우연히 알게 되었더라도 상담소내의 직원들 혹은 다른 내담동물내담동물보호자에게 전하지 않는다.

2) 기 록

① 법, 규제 혹은 제도적 절차에 따라 상담자는 내담동물보호자에게 전문적인 서비스를 제공하기 위해서 반드시 기록을 보존한다.

② 녹음 및 기록에 관해 내담동물보호자의 동의를 구한다.

③ 면접기록, 심리검사자료, 편지, 녹음테이프, 기타 문서기록 등 상담과 관련된 기록들이 내담동물보호자를 위해 보존된다는 것을 인식하며 상담기록의 안전과 비밀보호에 책임진다.

④ 기록과 자료에 대한 비밀보호가 자신의 죽음, 능력상실, 자격박탈 등의 경우에도 보호될 수 있도록 미리 계획을 세운다.

⑤ 상담기관이나 연구단체는 상담기록 및 보관에 관한 규정을 작성해야 하며, 그렇지 않을 경우 상담기록은 동물행동상담사가 속해 있는 기관이나 연구단체의 기록으로 간주한다. 내담동물보호자가 기록에 대한 열람이나 복사를 요구할 경우, 그 기록이 내담동물보호자에게 잘못 이해될 가능성이 없고 내담동물보호자에게 해가 되지 않으면 응하는 것이 원칙이다.

⑥ 상담과 관련된 기록을 보관하고 처리하는 데 있어서 비밀을 보호해야 하며, 이를 타인에게 공개할 때에는 내담동물보호자의 직접적인 동의가 있을 때에만 가능하다.

3) 비밀보호의 한계

① **내담동물보호자의 생명이나 사회의 안전을 위협하는 경우가 발생했을 때, 내담동물보호자의 동의 없이도 내담동물보호자에 대한 정보를 관련 전문인이나 사회에 알릴 수 있다.** 이런 경우 상담시작 전에 이러한 비밀보호의 한계를 알려준다. '자신이나 타인에 대한 심각한 위해'에 대해 동물행동상담사가 적절한 판단을 내리기란 생각보다 간단하지 않다.

예) 내담자가 언어적으로 표현하지는 않았지만 자살을 시도하거나 타인을 해치려 한다는 인상을 동물행동상담사가 받았을 경우에는 어떻게 하는가? 상담자는 그러한 생각이 들 때마다 이를 다른 사람이나 기관에 알려야 하는가? 그것은 전적으로 상담자 자신의 전문적 판단에 달려 있는 문제이다. 스스로 판단하기 어렵다면 선배 혹은 동료 동물행동상담사, 지도감독자와 의논해야 한다.

② 법적으로 정보공개가 요구될 때에는 비밀보호원칙에서 예외지만, 법원이 내담동물보호자의 허락 없이 사적인 정보를 밝힐 것을 요구할 경우, 내담동물보호자와의 관계를 해칠 수 있기 때문에 정보를 요구하지 말 것을 법원에 요청한다.
③ 사적인 정보의 공개를 요구하는 상황에서는 오직 기본적인 정보만을 밝힌다. 더 많은 사항을 밝히기 위해서는 사적인 정보의 공개에 앞서 내담동물보호자에게 알린다.
④ 상담시작과 과정 중에 내담동물보호자에게 비밀보호의 한계를 알리고 비밀보호가 불이행되는 상황에 대해 인식시킨다.

4) 기타 목적을 위한 내담동물보호자 정보의 이용

① 교육이나 연구 또는 출판을 목적으로 상담관계로부터 얻어진 자료를 사용할 때는 내담동물보호자의 동의를 구해야 하며, 각 개인의 익명성이 보장되도록 자료변형 및 신상정보의 삭제와 같은 적절한 조치를 취하여 내담동물보호자의 신상에 피해를 주지 않도록 한다.
② 다른 상담소의 전문가의 자문을 구할 경우, 상담사는 사전에 내담동물보호자의 동의를 구해야 하며, 적절한 조치를 통해 내담동물보호자의 사생활과 비밀을 보호하도록 노력한다.

(2) 동물행동심리검사

1) 기본사항

① 검사결과에 따른 상담사들의 해석 및 권유의 근거에 대한 내담동물보호자의 알 권리를 존중한다.
② 규정된 전문적 관계 안에서만 평가 · 진단 · 서비스 혹은 개입을 한다.
③ 동물행동상담사의 평가, 추천, 보고, 심리적 진단이나 평가진술은 적절한 증거제공이 가능한 정보와 기술에 바탕을 둔다.

2) 사전 동의

① 평가 전에 내담동물보호자의 동의를 미리 구하지 않았다면, 평가의 특성과 목적, 결과의 구체적인 사용에 대해 내담동물보호자가 이해할 수 있는 말로 설명해야 한다. 채점이나 해석이 동물행동상담사나 보조원에 의해서 이루어지든, 아니면 컴퓨터나 기타 외부 서비스 기관에 의해 이루어지든지, 동물행동상담사는 내담동물보호자에

게 적절한 설명을 하도록 조치를 취해야 한다.

② 어떤 개인 혹은 집단검사 결과를 제공할 때 정확하고 적절한 해석을 함께 제공하여야 한다.

3) 유능한 전문가에게 정보 공개하기

① 검사결과나 해석을 포함한 평가결과를 오용해서는 안 되며, 다른 사람들의 오용을 막기 위한 적절한 조치를 취한다.

② 특별한 경우를 제외하고는, 내담동물보호자나 내담동물보호자가 위임한 법적 대리인의 동의가 있을 경우에만 내담동물보호자의 신분이 드러날 만한 자료를 공개한다(예: 계약서, 상담이나 인터뷰 기록, 설문지). 자료를 해석할 만한 능력이 있다고 동물행동상담사가 인정하는 전문가에게만 공개되어야 한다.

(3) 윤리문제 해결(윤리문제에 위반되는 경우)

① 윤리적으로 행동하는지에 대한 의구심을 유발하는 근거가 있을 때 윤리위원회는 적절한 조치를 취할 수 있다.

② 특정 상황이나 조치가 윤리강령에 위반되는지 불분명한 경우, 상담사는 윤리강령에 대해 지식이 있는 다른 동물행동상담사, 자문자 및 윤리위원회의 자문을 구한다.

③ 소속 기관 및 단체와 본 윤리강령 간에 갈등이 있을 경우, 갈등의 본질을 명확히 하고 소속기관 및 단체에 윤리강령을 알려서 이를 준수하는 방향으로 해결책을 찾도록 한다.

(4) 동물행동상담사의 윤리문제에 대한 몇 가지 지침들

상담에서의 윤리문제에 대한 몇 가지 지침들을 제시하고자 하나 이 지침들이 절대적인 것은 아니다. 실제 상담 장면에 적용하기 위해선 각 동물행동상담사마다 이 지침들에 대한 충분한 숙고와 검토가 있어야 한다.

① 동물행동상담사는 자신이 어떠한 개인적 욕구를 가지고 있는지, 상담을 통해 자신이 얻는 바가 무엇인지, 자신의 욕구와 행동이 내담동물보호자에게 어떠한 영향을 미치는지를 분명히 자각하고 있어야 한다.

② 동물행동상담사는 자신이 소속한 기관이나 조직에서 채택하고 있는 윤리적 규준들에 대해 알고 있어야 하지만, 그러한 규준들을 실제 상담에 적용시키는 것은 다름 아닌 자신이며, 따라서 동물행동상담사 자신의 독자적인 판단이 중요하다는 점을 인식하고 있어야 한다. 또한 동물행동상담사는 많은 문제들에는 분명한 대답이 없을 수 있으며 적절한 대답을 찾는 책임이 자신에게 있음을 알고 있어야 한다.

③ 동물행동상담사에게는 내담동물보호자의 복리에 대한 책임이 있으며, 내담동물보호자를 자신의 욕구를 충족시키기 위해 이용하는 일이 있어서는 안 된다.

④ 동물행동상담사는 치료적 관계를 명백히 해칠 수 있는 내담동물보호자와의 어떠한 다른 관계를 가져서는 안 된다.

⑤ 동물행동상담사에게는 내담동물보호자의 비밀에 대한 보장과 상담관계에 부정적인 영향을 미칠 수 있는 다른 문제들에 대해서도 내담동물보호자에게 알려 줄 책임이 있다.

⑥ 동물행동상담사는 자신의 가치관, 태도 등을 자각하고 있어야 하며, 이러한 가치와 태도가 상담관계 및 내담동물보호자에게 어떠한 영향을 미치는지를 인식하고 있어야 한다.

⑦ 동물행동상담사는 상담의 목표, 기법 및 절차, 상담관계를 시작함으로써 내담동물보호자에게 닥칠지도 모르는 위험과 내담동물보호자가 상담을 시작하려는 결정을 내리기 전에 고려해야 할 다른 요인들에 대해서도 미리 내담동물보호자에게 알려 주어야 한나.

⑧ 동물행동상담사는 자신이 제공할 수 있는 전문적인 도움의 한계를 잘 알고 있어야 하며, 내담동물보호자에게 적절한 도움을 주지 못하고 있다는 판단이 내려질 때에는 지도감독자의 도움을 받거나 내담동물보호자가 다른 동물행동상담사에게 상담을 받을 수 있도록 의뢰해야 한다.

⑨ 동물행동상담사는 상담과정에서 자신이 내담동물보호자에게 모델이 될 수도 있다는 점을 알아야 하며, 내담동물보호자에게 영향을 미칠 수 있는 일이나 행동을 인식하고 있어야 한다.

V. 상담에 영향을 미치는 요인들

학습목표

1. 상담에 영향을 주는 내담동물보호자에 관련된 요인을 이해한다.
2. 상담자에 관련된 요인과 고객과의 상호작용이 상담에 미치는 영향을 이해한다.
3. 상담자의 가치관이 상담에 어떻게 적용되는지 이해한다.

1. 내담동물보호자 요인

내담동물보호자 요인은 상담에 대한 기대, 문제의 심각성, 동기, 지능, 정서 상태, 방어적 태도, 자아강도, 사회적 성취수준, 과거의 상담경험, 자발적인 참여도 등으로 나누어 볼 수 있다.

(1) 상담에 대한 기대

① 내담동물보호자들은 상담에 대해 각기 다른 기대를 갖는다.

㉠ '상담이 도움이 될거야' 라고 기대하면 상담에 보다 적극적이고 참여적이다.

㉡ '상담을 한다고 해서 뭐가 달라지겠어.' 라고 기대하면 상담에 저항적 · 소극적 · 비판적이다.

② 기대는 상담의 진행방향과 결과뿐만 아니라 첫 면접 이후 상담을 계속할 것인가 아닌가를 결정하는데도 영향을 미친다.

③ 내담동물보호자들은 상담이 일반적으로 도움이 된다고 믿지만 자신에게도 도움이 될지에 대해서는 의문을 가진다.

④ 실제로 문제를 가진 사람들도 상담에 대해서는 별로 기대를 가지고 있지 않기 때문에 상담실을 찾지 않는다.

⑤ 내담동물보호자들은 경험이 많고 성실하며 신뢰할 수 있는 포용적인 동물행동상담사를 기대한다.

⑥ 상담 초반에 내담동물보호자의 상담에 대한 기대를 탐색한다. 부정적인 기대를 가졌다면 관련된 경험과 과정을 다루어 보다 긍정적인 기대를 가질 수 있도록 동물행동상담사는 노력해야 한다.

⑦ 동물행동상담사에 대한 기대의 경향

내담동물보호자가 동물행동상담사에 대해 어떤 기대를 하는지 탐색해 보는 것도 필요하다.

㉠ 여성일 경우 : 포용적이고 무비판적이기를 기대

㉡ 남성일 경우 : 지식적이고 비판적이며 분석적이길 기대

㉢ 권위적인 내담동물보호자의 경우 : 지시적인 동물행동상담사 선호 경향

㉣ 비권위적 내담동물보호자의 경우 : 비지시적 동물행동상담사 선호 경향

(2) 문제의 심각성

문제가 심각한 경우와 가벼운 경우 중 어느 쪽이 상담효과가 좋을까를 살펴보면 다음과 같다.

① 내담동물의 문제가 심각할수록 투자된 시간과 노력에 비해 상담의 효과가 적다.

② 내담동물의 상태가 이상행동적 문제가 심각할 경우는 수의사와 협의하여 약을 복용하면서 상담을 병행해야 한다.

③ 문제가 지나치게 가벼운 경우는 상담동기가 낮고 문제가 분명하지 않아서 상담의 진전이 늦을 수 있다.

(3) 상담에 대한 동기

① 상담에 대한 동기가 클수록 상담효과가 높기 때문에 동물행동상담사들도 동기가 높은 내담동물보호자를 선호한다.

② 상담 초기에 상담에 대한 동기를 높이는 것이 성과에 큰 영향을 미친다.

③ 상담에 대한 대가로 요금을 지불하는 것도 상담에 대한 동기를 증가시키기 때문에 결과적으로 상담효과를 높일 수 있다.

예) 상담료 지불, 상담에 대한 교육, 동물행동상담사의 전문성, 치료예후 안내

(4) 지능

지능이 높은 내담동물보호자일수록 다음과 같은 특징이 있다.

① 동물행동상담사의 의도를 잘 파악한다.
② 문제를 분석하고 통합하는 능력이 높다.
③ 자기이해가 빠르고 개입이 효과적이다.
④ 상담효과가 높다.

(5) 정서 상태

① 내담동물보호자의 불안이 클수록 변화에 대한 동기가 강하고 상담에 대한 준비가 되어 있을 가능성이 높으나 지나친 불안 수준은 오히려 방해가 될 수 있으므로 불안 수준을 낮추는 개입을 먼저 해야 한다.
② 심한 불안, 우울증, 긴장 등을 경험하고 있는 내담동물보호자는 이런 정서 상태에서 벗어나기 위해 상담에 적극적으로 참여한다.
③ 불편감 및 고통을 어느 정도 경험하고 있어야 동기가 높으며, 만성화되어 있는 경우는 동기가 낮고 상담 성과도 또한 낮다.

(6) 방어적 태도

① 방어기제가 무너진 상태

내담동물보호자의 정서적 혼란이 심하면 자아의 적응 및 기능이 무너져 버린 상태에서 상담이 어렵다.

② 방어기제가 지나치게 강한 상태

불안 및 갈등의 원인을 근본적으로 탐색 또는 직면하지 않으려는 경향이 강하기 때문에 상담과정에서의 저항적 요소로 작용한다.

③ 바람직한 자아방어

상담에서는 적절한 정도의 자아방어가 바람직하다.

(7) 자아 강도(Ego Strength)

① 자아 강도가 높은 내담동물보호자는 불안이 심해도 상담 효과의 전망이 좋다.
② 자아 강도가 강하면 자기의 불안을 통제할 수 있으며 충동적인 감정을 함부로 발산하지 않는다.
③ 문제 해결 과정에서의 어려움을 견딜 수 있다.
④ 자아 강도 수준이 높을수록 상담효과가 높다.

알고가기

◈ **자아 강도(Ego Strength)란?**

✓ 자신을 버텨낼 수 있는 힘
✓ 불안과 불편감을 견디어낼 수 있는 힘
✓ 문제해결과정에 참여하고 어려움을 견딜 수 있는 힘

(8) 사회적 성취 수준과 과거의 상담 경험

① 교육수준, 경제적 수준, 사회적 수준이 높은 내담동물보호자는 비교적 상담효과가 좋다.
② 과거에 상담을 받은 경험은 다음 상담의 효과를 촉진시키는데 별 도움이 되지 않을 수도 있다. 예를 들면 다음과 같은 반응을 할 수 있다.
㉠ 다른 동물행동상담사는 인 그랬는데 이번 동물행동상담사는 왜 그렇지?
㉡ 이럴 때 이렇게 해야 하는 것 아니야?
㉢ 말해도 뭐 달라질 것 있겠어?

(9) 자발적인 참여도

① 타인에 의해서 상담실에 오게 된 내담동물보호자와는 효과적인 상담이 어렵다.
② 비자발적인 내담동물보호자는 저항이 크기 때문에 동물행동상담사에게 어려운 상황을 만든다.
③ 매우 방어적일 뿐만 아니라 동물행동상담사에게 적개심을 갖기도 한다.

(10) 바람직하지 못한 내담동물보호자의 행동 및 태도

내담동물보호자의 행동상담과정에서 바람직하지 못한 내담동물보호자의 행동 및 태도는 다음의 여러 형태로 나타날 수 있다.

① 침 묵
② 동물행동상담사에 대한 지나친 숭배, 순종 및 동조
③ 상담에 대한 과잉기대
④ 무의미한 내용의 진술
⑤ 상담 필요성의 부정 및 의심
⑥ 면접 중 불필요하게 많은 웃음거리(유머)
⑦ 동물행동상담사를 속이는 언행

2. 동물행동상담사 요인과 상호작용 요인

(1) 동물행동상담사 요인

동물행동상담사 요인으로는 동물행동상담사의 경험과 숙련성, 성격, 지적 능력, 내담동물보호자에 대한 호감도로 나누어 볼 수 있다.

1) 동물행동상담사의 경험과 숙련성

① 내담동물보호자는 동물행동상담사가 많은 경험을 했고 숙련되어 있다고 지각되면 동물행동상담사를 신뢰하고 높은 기대를 갖게 된다.
② 동물행동상담사의 경험이 많으면 공감능력도 대체로 증가하고 상담과정에 대한 숙련도가 높아진다고 볼 수 있다.
③ 숙련성은 상담에 관한 이론적인 설명이나 지식보다는 실제로 상담관계를 이끌어 가는 중요한 요인이 된다.
④ 숙련된 동물행동상담사와 미숙한 동물행동상담사의 차이는 내담동물보호자를 이해하거나 의사소통을 하는 능력에서 나타난다.
⑤ 상담을 오래했다고 해서 그렇지 않은 사람에 비해 상담을 잘하는 것이 아니다.

⑥ 상담에서 가장 강력한 치료적 도구는 동물행동상담사 자신이다. → 그 도구가 각자 다르기 때문이다.
  ㉠ 동물행동상담사가 어떠한 사람인가(지적·인간적·성격적)
  ㉡ 동물행동상담사가 자신을 들여다보는 사람인가 아니면 다른 사람을 상담하는 역할만 하려는 사람인가

2) 동물행동상담사의 성격

① 한 인간으로서의 동물행동상담사의 태도는 기법보다 치료관계에 미치는 영향이 더 크다고 말할 수 있다.
  ㉠ 상담은 결코 이론이나 기법으로 하는 것이 아니다.
  ㉡ 상담에 대한 기술만으로는 내담동물보호자에 대한 부적절한 태도를 보충하기 어렵다.
② 동물행동상담사의 성격은 주로 활용하는 이론과 기법을 선택하고 사용하는 데 영향을 미친다.
③ 유능한 동물행동상담사
  ㉠ 자신을 긍정적으로 보고, 상담에 훨씬 적극적이고, 내담동물보호자에게 우호적이며, 독단적이거나 지배적이 아니다.
  ㉡ 내담동물보호자의 사고의 불명료성, 모호한 의지상태, 감정의 혼란에 대해 수용적인 인내를 보인다.
④ 모호한 상황을 참지 못하는 동물행동상담사는 지배성이 높고 자제력이 없거나 공격성이 강한 경우가 많다.
⑤ 남자 동물행동상담사는 평균 이상의 예민한 감수성이 요구되고, 여자 동물행동상담사는 보통 여성들보다도 자기주장적인 대담한 성격이 필요하다.

3) 동물행동상담사의 지적 능력

① 동물행동상담사의 지적인 능력이 상담결과를 결정하는 것은 아니고, 공감능력도 지적인 능력에 따라 좌우되지 않는다.
② 동물행동상담사의 지적 능력은 의사소통과 밀접한 관련이 있고, 지적 능력에 따라 상담에 필요한 반응과 전략을 생각해 내고 적절하게 전달하는 능력도 다르다.
③ 동물행동상담사의 지적능력이 우수할수록 상담이론과 기법을 정확히 이해하고, 상담의 과정을 잘 파악하며, 내담동물보호자의 말과 행동의 의미를 더 잘 읽을 수 있다.

4) 내담동물보호자에 대한 호감도

① 내담동물보호자에 대한 호감이란 내담동물보호자가 동물행동상담사의 마음에 든다는 뜻이다.

② 내담동물보호자에 대한 호감도가 높을수록 우호적인 상담분위기가 조성되기 쉽고, 내담동물보호자에게 보다 수용적이고 온정적인 태도를 보일 뿐 아니라 공감수준도 높아진다.

③ 동물행동상담사는 대부분의 내담동물보호자에게 호감을 갖고 우호적인 관계를 형성할 수 있다. 그러나 늘 그럴 수 있는 것은 아니다. 한 인간으로서, 역전이의 한 부분으로서 호감이 안 느껴지고, 충분히 노력했음에도 호감을 느낄 수 없다면 다른 동물행동상담사에게 의뢰를 고려하는 것이 바람직하다.

(2) 상호작용 요인

동물행동상담사와 내담동물보호자의 상호작용 요인은 성격측면의 상호유사성, 공동협력의 정도 및 상호간의 의사소통양식의 3가지 면으로 나누어 볼 수 있다.

1) 성격 측면의 상호유사성

① 사회적 신분, 관심, 가치관, 태도 등에서 동물행동상담사와 내담동물보호자의 상호유사성은 촉진적 관계의 형성에 긍정적인 요인이 된다.

② 내담동물보호자에 대해 자기와의 유사성을 크게 자각한 동물행동상담사는 내담동물보호자에 대한 이해수준과 공감수준이 증가하고, 수용 정도와 호감 정도가 증가한다.

③ 실제로 어떤 점이 유사하다는 것 보다는 유사하다는 느낌이 생길 때 서로의 거리감이 줄어들고 친밀감과 애정이 증가한다.

2) 동물행동상담사와 내담동물보호자의 공동협력(작업동맹)

① 동물행동상담사와 내담동물보호자 사이의 협력이 없으면 상담은 의미가 없다.

② 동물행동상담사와 내담동물보호자가 서로 협력하고 상담의 과정에 책임을 지려할 때 상담효과가 높다.

③ 상담의 목표를 함께 정하고, 실천적인 노력과 최종적인 결정은 내담동물보호자 자신이 하며, 그 결과에 대해서는 함께 책임을 진다.

④ 변화는 내담동물보호자 자신이 참여하지 않으면 결코 일어날 수 없다.
⑤ 동물행동상담사와 내담동물보호자의 협력을 방해하는 커다란 장애는 부정적 자아개념과 의존성일 수 있다.

3) 동물행동상담사와 내담동물보호자의 의사소통양식

동물행동상담사와 내담동물보호자의 의사소통 유형은 상담과정에서 상호이해의 주요 요인이 되며, 상호이해의 촉진 및 면접효과에 영향을 주는 의사소통 유형에는 과묵형, 다변형, 질문형, 시사형, 동조형, 저항형 등이 있다.

3. 가치 문제

(1) 가치란?

① 인간 생활의 책임과 행동과정에서 무엇이 바람직한가를 결정하는데 유용한 가설적 판단기준이다.
② 동물행동상담사와 내담동물보호자가 하는 모든 말과 행동에는 가치판단이 포함되어 있다.
③ 상담은 동물행동상담사가 내담동물보호자 스스로 자기의 가치를 탐구하고 분석 및 종합하는 기회를 가질 수 있도록 개방적인 대화의 분위기를 제공하는 것이다.

(2) 상담에 대한 동물행동상담사의 가치관

동물행동상담사가 자신의 가치를 먼저 아는 것이 필수적이다. 상담에 관한 가치는 다음과 같다.

① 동물행동상담사는 인간존재의 가치, 존엄성, 잠재력 및 교육성을 믿는다.
② 개인의 행동이 자신이나 타인에 대해 심각한 정도로 파괴적이지 않는 한, 개인의 자유로운 선택과 결정의 권리를 존중한다.
③ 내담동물보호자의 복리증진을 위해 노력하고 인간적 존엄성을 존중한다.

(3) 내담자의 가치에 관련된 상담자의 역할(미국)

1) 1910 ~ 1940년대

보편적 가치를 취하도록 동물행동상담사가 영향력을 발휘할 책임이 있다.

2) 1940 ~1960년대

로저스는 상담자의 역할에 대해서 다음과 같이 말했다.

① 삶에 있어서 개인의 직접적 경험이 최고의 권위를 가진다.
② 개인은 천부적으로 자기 통제력과 자아실현의 능력을 지닌다.
③ 내담자를 이해하는 최선의 방법은 내담자 고유의 내면적 준거에 의해 이해하는 것이다. 상담자는 비지시적 역할을 수행하며, 가치에 중립적이어야 한다.

3) 1960년대 이후

① 지시적 모형과 비지시적 모형의 중간형
② 상담자는 내담자의 세계에 개입하여, 내담자가 자신의 문제를 규명하고 목표를 설정하며 대안적 행동을 선택하도록 도와야 한다.
③ 적극적으로 개입을 하되 상담자(사회)가 옳다고 생각하는 가치를 내담자에게 주입시키는 것이 아니라, 내담자에게 바람직한 가치관의 형성을 도와주는 것이다.

(4) 상담관계에 적용되는 인간적 가치

1) 인간은 자기생활의 결정자이며 자유로운 선택능력을 가지고 있다.

① 내담자들은 문제의 원인을 타인이나 외부적 상황에 돌리는 경향이 있는데 문제의 속성이나 원인을 타인이나 외부 상황으로 투사시킴으로써 자신의 행위에 대한 책임으로부터 벗어나고자하기 때문이다.
② 내담자로 하여금 주변의 영향이 있다 할지라도, 스스로 자신의 운명과 행동을 변화시킬 수 있는 자유의지의 소유자임을 깨닫게 한다.

2) 인간은 자기와 타인에 대한 책임을 완수함으로써 발전이 있다.

① 내담자는 문제해결을 위해 자신의 생각과 행동을 변화시켜야 한다는 것을 알더라도, 그에 따른 부담과 고통을 감당하기 싫어 회피하는 경향이 있다.

② 상담자의 책임은 내담자의 생활양식에 바람직한 변화가 오도록 촉진하며, 내담자로 하여금 한 인간으로서 이해받고 존중받고 있음을 느끼도록 하는 행동적 자극과 반응을 보여주는 것이다. 내담자는 자신의 행동에 대한 책임을 느끼고 자신이 주변 환경에 미치는 영향 또한 받아들이게 된다.

3) 인간은 사랑 · 평화 · 우애를 지향하며 상담관계에서도 촉진되어야 한다.

4) 자아의 확대 및 성장을 위해서는 자신과 타인에 대해 개방적이어야 한다.

① 우리는 외면적 역할(가면)로 사회관계를 유지하며 살아가기 때문에 자신의 내면을 외면함으로써 자아의 성장이 방해된다.

② 상담자의 개방성과 성실성은 내담자의 개방성과 성실성을 유도한다.

③ 자신과 타인에게 개방적일 때에만 개인적인 성장이 이루어진다.

5) 자신의 기본적인 신념과 행동양식을 정기적으로 반성해 봄으로써 인간적 성장을 가져온다.

① 명상과 반성을 통해 자신의 신념과 가치와 행동양식을 비판적으로 검토해 봄으로써, 보다 확대되고 성장하는 자아를 발견 또는 창조할 수 있다.

② 상담은 평소에 잘 하지 못했던 건강한 반성과 검토를 해가는 과정인 것이다.

6) 상담자는 자기의 인간적 가치관을 끊임없이 검토하며 이를 토대로 내담자를 만나야 한다.

① 상담자의 인간관 및 생활관이 직간접으로 나타나고 영향을 미친다.

② 인간적 가치를 보다 분명히 알고 그 가치가 자신의 행동에 어떤 영향을 미치고 있는지 예민하게 검토하는 것은 동물행동상담사의 바람직한 자세이다.

③ 이러한 자세는 상담자의 성장 뿐 아니라 내담자의 가치관에 대한 폭넓고 민감한 이해를 가능하게 한다.

Ⅵ. 유능한 동물행동상담사

학습목표

1. 유능한 동물행동상담사의 효과성과 기대 개념을 이해한다.
2. 성공적 상담을 위해 동물행동상담사의 효과성과 기대가 어떠해야 하는지 이해한다.

1. 유능한 동물행동상담사의 효과성

(1) 유능한 동물행동상담사 효과성의 정의

효과적인 상담내용의 구성이라든가 효과적인 상담과정의 진행 등 내담동물의 변화와 관련되는 개념으로 내담동물의 학습을 증진시킬 수 있는 다양한 형태의 유능한 동물행동상담사 행동이라고 정의할 수 있다.

(2) 유능한 동물행동상담사 효과성에 대한 변인

1) 효과적인 유능한 동물행동상담사의 특징

① 상담목표를 진술한다.
② 교자재를 사용한다.
③ 미리 상담 교자재를 준비하고 있다.
④ 상담을 뒷받침할 교자재를 갖추어 놓고 있다.
⑤ 내담동물보호자에게 명확한 방향을 지시해 준다.
⑥ 명쾌하게 정보를 제공한다.
⑦ 상담해야 할 이유를 제공하고 탐색한다.
⑧ 상담 중에 내담동물보호자의 주의집중을 이끌어 낸다.
⑨ 내담동물이 학습 목표에 도달하기 위하여 내담동물보호자가 상담목표에 도달하게

한다.

⑩ 상담내용을 내담동물의 흥미와 적절히 관련시킨다.

⑪ 내담동물들이 도달해야 할 변화기준을 합리적으로 설정한다.

2) 효과적인 유능한 동물행동상담사의 조건

① 시간 배분

효과적으로 상담하는 유능한 동물행동상담사들은 시간을 능률적으로 사용한다. 같은 시간을 사용한다고 하더라도 상담의 효과는 유능한 동물행동상담사들이 시간을 사용하는 방법에 따라 크게 달라진다.

ⓐ 배정된 시간 (located time)
유능한 동물행동상담사나 상담소가 지정하는 상담 시간의 양

ⓑ 상담 시간(instructional time)
상담 중 순수하게 상담하는데 사용되는 시간

ⓒ 학문적 학습 시간(academic learning time)
내담동물보호자들이 주의집중을 함으로써 실제 상담을 수행하는 시간의 양

② 언어적 행동

ⓐ 정보를 효율적으로 내담동물보호자들에게 전달할 수 있는 능력은 훌륭한 유능한 동물행동상담사의 자질로 구분된다.

ⓑ 상담이 진행되는 상담에서 효과적인 언어 구사는 유능한 내담동물행동 상담자에게 필수직이다.

ⓒ 유능한 동물행동상담사의 명확한 말과 정확한 피드백은 유능한 내담동물보호자 상담 효과성의 중요한 변인이다.

③ 상담이론 지식

ⓐ 풍부한 상담이론에 대한 지식을 지닌 유능한 동물행동상담사일수록 자신들의 상담 내용을 보다 효과적으로 전달하며, 적절한 상담 전략을 사용하고, 내담동물보호자와의 언어적 상호작용에서 보다 자신감을 보이는 경향이 있다. 또한 내담동물보호자들의 오해를 예상하거나 내담동물보호자들의 말이나 행동에서 잘못 이해된 부분을 찾아낼 수 있다.

ⓑ 교과 영역에 대한 지식이 부족한 유능한 동물행동상담사는 상담 중에 발생하는 내담동물들의 문제요소를 확인하고 제거 혹은 교정하는 전략을 수립하는 데 어

려움을 겪을 수 있다. 따라서 유능한 동물행동상담사는 상담 준비를 충분히 하고, 실제적인 예시를 제시하며, 내담동물들에 대한 진단적 정보를 충분히 활용해야 한다.

④ 교육학 지식

ⓐ 대부분의 효과적인 유능한 동물행동상담사는 학습 지도안을 어떻게 작성하는 지 잘 알고 있으며, 상담과정의 원리에 대해 정통하다. 또한 각각의 원리를 결합할 수 있고, 언제 어느 부분에서 어떤 내용을 가르쳐야 할지 잘 알고 있다.

ⓑ 상담학과행동학 지식이 풍부할수록 유능한 동물행동상담사로서의 성공가능성이 커질 수 있다.

3) 유능한 동물행동상담사의 행동 특성

① 상담과정에서의 배려(caring)

㉠ 배려는 상대방에 대해 공감하고 그들을 보호하며 성장하도록 노력을 기울이는 것이다.

㉡ 상담은 유능한 동물행동상담사와 내담동물의 유대관계나 신뢰관계와 같은 기존에 형성된 관계위에서 이루어지는 과정이다.

㉢ 상담에 대한 배려의 관점은 가르친다는 것이 단지 유능한 내담동물행동상담사가 무엇을 하느냐로 규정되는 것이 아니라, 유능한 동물행동상담사와 내담동물이 가르치고 배우는 과정 중에서 경험한 것이 자신이나 상대방에 대한 지각을 형성하게 하며, 이러한 지각이 이후 상담과정에 어떠한 영향을 미치는지를 포함하는 것이다.

㉣ 내담동물이 느끼는 유능한 동물행동상담사의 배려는 학습에 대한 태도와 학습동기에 긍정적 영향을 줄 수 있다.

㉤ 유능한 동물행동상담사의 배려는 상담 상황에서 일어난 문제를 해결하고자 할 때 문제가 일어난 맥락을 세부적인 사항과 내담동물보호자와의 개별적관계에 입각하여 해결책을 생각한다.

㉥ 유능한 동물행동상담사가 내담동물을 배려하고자 할 때 유능한 내담동물행동 상담자는 스스로를 독려하여 개별 내담동물을 이해하고 그들에게 가장 적합한 상담법을 찾기 위해 노력한다.

㉦ 유능한 동물행동상담사 자신의 배려가 내담동물에게 의미 있는 것으로 나타났을 때 유능한 동물행동상담사는 자신에 대해 만족감과 긍지를 가지게 된다.

② 배려심있는 동물행동상담사의 특징

㉠ 내담동물에게 다가가려 하고 내담동물을 기쁘게 맞이한다.

㉡ 학습의 결과보다는 과정과 노력을 강조한다.

㉢ 내담동물이 학습에 참여할 기회를 다양하게 제공한다.

㉣ 내담동물과 내담동물보호자에게 안전하고 지원적인 학습 분위기를 만들어준다.

(2) 유능한 동물행동상담사의 효능감

1) 유능한 동물행동상담사 효능감의 정의

① 유능한 동물행상상담자 효능감이란 유능한 동물행동상담사는 자신의 가르치는 행위가 내담동물의 학업성취를 향상시킬 수 있으며 자기 자신이 그러한 역할을 잘 해낼 수 있을 것이라는 믿음이다.

이러한 유능한 동물행동상담사 변인이 내담동물의 성취에 얼마나 영향을 미칠 수 있을 것인지에 대한 유능한 동물행동상담사의 지각이다.

② 유능한 동물행동상담사 효능감은 Bandura의 이론에 기초하고 할 수 있으며 일반적 상담효능감과 개인적 유능한 동물행동상담사 효능감으로 구분된다.

㉠ <u>일반적 상담 효능감</u>

상담하는 행위에 대한 효능감으로 내담동물들을 변화하게 함으로써 행동을 변화시킬 수 있다는 유능한 동물행동상담사의 지각

㉡ <u>개인적 유능한 동물행동상담사 효능감</u>, 자기 자신의 상담 능력에 대한 지각

㉢ <u>내담동물의 실패에 대해</u>

ⓐ 일반적 상담 효능감이 낮은 유능한 동물행동상담사는 당연한 것으로 받아들이고 그 원인을 내담동물의 지능, 환경, 비협조적인 행정 등의 외부적 요소로 돌리기 때문에 유능한 동물행동상담사는 책임감을 느끼지 않고 스트레스를 받지 않는다.

ⓑ 개인적 유능한 동물행동상담사 효능감이 낮은 유능한 내담동물행동상담사는 내담동물의 실패에 대해 개인적 책임감을 느끼고 자신의 능력부족을 인정하여 스트레스, 죄책감, 수치심을 경험하게 된다.

2) 동물행동상담사 유형

① 효능감이 높은 유능한 동물행동상담사

㉠ 내담동물보호자에 대한 상담 직무가 중요하고도 의미가 있다.

㉡ 유능한 동물행동상담사 자신이 내담동물보호자의 학습에 긍정적인 영향력을 갖고 있다고 판단하여 개인적인 성취감을 맛본다.

㉢ 내담동물의 학습에 대한 개인적인 책임감을 느껴서 내담동물과 보호자에게 도움이 되는 방법으로 상담법을 검토한다.

㉣ 목표를 정할 때 상담자 자신과 내담동물에게 민주적인 방법으로 알맞게 설정하여 성취하기 위한 전략을 세운다.

㉤ 내담동물과 유능한 동물행동상담사 자신에게 긍정적인 방법을 검토하며 내담 동물의 학습에 영향력이 있다고 확신한다.

② 효능감이 낮은 동물행동상담자

㉠ 상담하는 일에 대해 자주 실망하고 좌절한다.

㉡ 내담동물 혹은 내담동물보호자가 실패할 것을 예상하지 못하며 상담에 노력을 기울이지 않는다.

㉢ 내담동물의 변화에 대해 책임감을 가지기는 하지만 실패의 원인을 내담동물 개인이나 내담동물의 환경 탓으로 돌린다.

㉣ 상담에 대한 목표와 전략을 세우지 않는다.

㉤ 내담동물에 대한 부정적 태도, 즉 실망, 무력감을 표시한다.

③ 효능감이 높은 동물행동상담사와 낮은 동물행동상담사의 유형 비교

구분	효능감이 높은 유능한 동물행동상담사	효능감이 낮은 동물행동상담사
개인적 성취에 대한 지각	내담동물과 함께하는 일을 긍정적으로 여기며, 긍정적인 영향을 미칠 수 있다고 본다.	자신의 상담직무에 대해 자주 실망하고 좌절한다.
내담동물의 성취에 대한 기대	내담동물의 진보를 기대하며, 내담동물이 자신의 기대를 실현해 줄 것으로 기대한다.	내담동물의 변화에 대해 실패하는 것을 예상하지 않으며, 상담에 대한 노력을 기울이지 않고 부정적인 행동이 많다.
내담동물의 학습에 대한 책임감	내담동물이 변화목표에 도달한 정도를 아는 것은 자신의 책임이며 내담동물의 실패를 자신의 책임이라 생각하고 좀 더 도움이 될 만한 방향으로 자신의 상담기술을 검토한다.	내담동물에 대해 상담하는 것에는 자신에게 책임을 두지만, 내담동물의 실패는 내담동물의 가정환경이나 능력, 동기, 태도 등의 관점에서 그 이유를 설명한다.

구분	효능감이 높은 유능한 동물행동상담사	효능감이 낮은 동물행동상담사
목표달성을 위한 전략	상담을 계획하고 목표를 수립하고 달성하기 위한 전략을 세운다.	특별한 목표를 가지지 않으며, 목표달성에 대한 확신을 가지지 못하고 전략도 세우지 않는다.
정서	가르치는 행위와 학습자에 대하여 존재 가치를 인정한다.	내담동물에 대하여 부정적인 태도를 갖고 실망을 자주 표현한다.
내담동물 통제관	자신에게 내담동물의 변화에 대한 영향력이 있음을 확신한다.	내담동물에 대해 무력감을 경험한다.
민주적 의사결정	변화목표달성을 위해 목표와 전략을 결정하는 데 내담동물을 포함시킨다.	내담동물의 변화전략과 목표들을 강제로 부과하고 의사결정을 독단적으로 한다.

3) 학습에 대한 유능한 동물행동상담자 효능감

① 내담동물의 변화 수준에 따라 내담동물에게 다른 영향을 미칠 수 있다.

② 변화도가 높은 내담동물의 경우 유능한 동물행동상담자효능감이 높고 낮음에 상관없이 자신의 수행이 적절하다고 느끼며, 자신의 능력에 대해 긍정적으로 평가하므로 유능한 동물행동상담자효능감은 큰 영향을 미치지 않는다.

③ 변화도가 낮은 내담동물의 경우 일반적으로 자신의 학습능력을 부정적으로 평가 하고 미래에 대해서도 확신을 갖지 못하기 때에 외재적으로 동기화되는 경향이 있으므로 유능한 동물행동상담자 효능감이 중요한 영향을 미칠 수 있다.

2. 유능한 동물행동상담사의 기대

(1) 유능한 동물행동상담사의 기대효과

유능한 동물행동상담사 기대란 유능한 동물행동상담사가 내담동물에 대한 지각체로서 동물행동변화에 관한 내담동물들의 개별적인 가능성에 대하여 가지는 태도라고 정의할 수 있다.

1) 유능한 동물행동상담사의 기대효과

① 자기충족적 예언(self-fulfilling prophecy)

사실은 아니지만 기대가 실현될 것이라는 믿음을 가지고 노력한다면 결국 원래의 기대대로 실현될 수 있다는 것이다.

② 기대유지 효과(sustaining expectation effect)

유능한 동물행동상담사의 바뀌지 않는 기대가 내담동물의 변화를 유능한 동물행동상담사의 기대 수준에 계속 머물게 하는 것이다.

③ 유능한 동물행동상담사의 기대효과 형성과정(Good & Brophy, 1991)

㉠ 유능한 동물행동상담사는 특정 내담동물에게 특정한 행동과 높은 변화를 기대

㉡ 기대 때문에 유능한 동물행동상담사는 각각의 내담동물에게 각기 다르게 행동

㉢ 유능한 동물행동상담사의 각기 다른 취급행동은 내담동물에게 유능한 동물행동상담사가 그로부터 무엇인가 다른 행동과 성취를 기대하고 있다는 것을 전달한다. 그리고 유능한 동물행동상담사의 내담동물에 대한 각기 다른 취급은 내담동물의 변화 동기 등에 영향을 준다.

㉣ 유능한 동물행동상담사의 내담동물에 대한 각기 다른 취급이 시간이 경과해도 지속되고, 내담동물이 유능한 동물행동상담사의 이러한 취급에 어떤 방식으로든 적극적으로 대응하고 거부하지 않는다면 시간이 경과함에 따라 내담동물의 변화 수준과 행동은 처음 유능한 동물행동상담사가 해당 내담동물에게 기대했던 수준에 더욱 밀접하게 접근한다.

2) 유능한 동물행동상담사 기대의 부정적 효과 피하기와 칭찬

① 유능한 동물행동상담사 기대의 부정적 효과 피하는 전략

㉠ 내담동물의 면접기록부터 변화양상까지의 전 과정에 대하여 다른 유능한 동물행동상담사의 평가에서 얻을 수 있는 정보를 조심스럽게 사용해야 한다.

㉡ 집단 편성에서 융통성을 가진다.

㉢ 모든 내담동물이 도전받고 있음을 확신시킨다.

㉣ 내담동물 행동 중에 변화도가 낮은 내담동물이 어떻게 반응하는지에 관심을 기울인다.

㉤ 평가나 훈련의 절차에서 공정하다.

㉥ 내담동물보호자에게 모든 내담동물이 변화할 능력을 가지고 있다는 사실을 알린다. 그리고 보상을 통해 내담동물도 이를 알게 한다.

ⓢ 모든 내담동물이 변화과제에 참여하도록 유도한다.
ⓞ 유능한 동물행동상담사의 비언어적 행동을 점검한다.

② 내담동물보호자에 대한 효율적인 칭찬과 비효율적인 칭찬

효율적인 칭찬	비효율적인 칭찬
1. 칭찬할 경우가 생겼을 때만 칭찬한다.	1. 아무 때나 그냥 상관업이 잘했다고 칭찬한다.
2. 잘한 것만을 분명하게 칭찬한다.	2. 그냥 전체적으로 잘했다고 칭찬한다.
3. 내가 주의 깊게 지켜보았더니 잘하는 것을 보았다고 하면서 칭찬한다.	3. 지나가다가 우연하게 보았는데 잘하더라고 하면서 칭찬한다.
4. 어떤 판단 기준을 내세워 그것에 비추어 보니 잘했다고 칭찬한다.	4. 아무런 기준도 없이 그냥 너도 남들처럼 했으니 너도 잘한 것이라고 칭찬한다.
5. 무엇을 잘했는지 그것의 가치와 내용에 대해 구체적인 정보를 제공한다.	5. 아무런 구체적인 설명 없이 그냥 잘했다고 칭찬한다.
6. 내담동물보호자 자신이 과거에 수행한 것과 현재 수행한 것을 연계하여 칭찬한다.	6. 내담동물보호자 자신보다는 다른 학습자와 비교해서 얼마나 잘했는지를 보고 현재의 수행을 칭찬한다.
7. 내담동물보호자 자신이 무엇을 잘했는지를 분명하게 이해하도록 한다.	7. 무엇을 잘했는지 보다는 다른 내담자보다 얼마나 잘했는지를 따져 비교한다.
8. 어려운 과제를 해낸 값진 노력을 인정한다.	8. 기울인 노력에 대해서 언급하지 않는다.
9. 성공의 원인을 학습자의 노력으로 귀인하여 칭찬한다.	9. 성공요인을 운, 재수 등 다른 외적 요인에 귀인하여 칭찬한다.
10. 내담동물보호자가 성공을 거둔 과제에 관련된 행동에 초점을 맞추어 칭찬한다.	10. 동물행동상담사의 말에 네가 귀를 기울였기에 성공을 거두었다는 것 등에 초점을 맞추어 칭찬한다.

(2) 유능한 동물행동상담사의 동물행동생활지도의 원리

1) 동물행동 생활지도의 원리

① 예방을 목적으로 한다. 문제가 일어났을 때 해결을 도와주는 것도 중요하지만 사전에 문제가 일어나지 않도록 지도해야 한다.

② 모든 동물을 대상으로 한다. 동물행동생활지도의 대상을 문제행동이 있는 동물 혹은 유기견으로만 한정짓는 것이 아니라 모든 동물을 대상으로 삼아야 함을 기본 전제로 내세운다.

③ 내담동물의의 자율적, 행동수정을 돕는 데 있다. 내담동물이 당면한 문제를 동물행동상담사가 대신 해결하는 것이 아니라 내담동물보호자 스스로 당면한 문제를 해결할 수 있도록 기회를 마련해 준다.

④ 연속적이고 장기적으로 운영되어야 한다. 내담동물보호자 스스로 문제를 해결할 수 있는 능력을 기른다는 것은 삶을 영위하는 데 중요한 기술이다. 따라서 동물행동생활지도는 장기적 계획아래 연속적인 지도과정으로 이루어진다.

⑤ 임상적인 판단에만 의존할 것이 아니라 과학적 정보를 근거로 정확하고 객관적 절차를 따라 실시되어야 한다. 정확한 자료를 수집하여 과학적 근거에 기초한 판단에 역점을 두고 공정하고 편견 없는 태도로 지도해야 한다.

2) 핵심적 동물행동상담

① 핵심적 상담 활동

㉠ 동물행동생활지도의 핵심적인 활동으로 도움이 필요한 내담동물보호자와 전문적인 지식을 가진 동물행동상담사 사이의 인간관계를 통해 문제해결능력을 신장시키고, 정신건강을 증진시키며 적응을 돕기 위한 활동이다.

㉡ 동물행동상담활동은 내담동물보호자가 원하는 방향으로 진행되어야 하고 자발적 변화를 일으킬 수 있는 조건을 제공해야 하는데, 이를 위해 내담동물보호자의 선택과 결정을 존중하며 일상적인 문제에서 접근해야 한다.

② 추수 활동

㉠ 동물행동 생활지도를 받은 학생의 추후 적응 상태를 지속적으로 관찰하여 더욱 효과적으로 적응하도록 도와주는 활동이다.

㉡ 추수 활동은 상담이 끝난 후 내담자의 적응을 증진하기 위해 계속 지도하는 좁은 의미의 추수지도와 교육이나 동물행동생활지도의 전체적인 성과를 체계적으로 계속 확인하는 넓은 의미의 추수지도로 구분할 수 있다.

㉢ 추수 활동을 통하여 내담동물의의 행동생활지도 계획 및 지도 방법을 반성, 평가하고 개선을 위한 자료로 활용할 수 있다.

제 6 장
동물행동상담 실무
Practice of Animal behavior counseling

1인 가구 및 고령 인구의 증가에 따라 반려 동물을 키우는 사람이 크게 늘어나고 동물에 의존하는 사람이 증가함에 따라 동물로 인해 곤란을 겪는 사람도 많아지고 있다. 동물에 대한 이해 부족과 곤란함은 곧 유기동물 수의 증가로 연결되며 동물의 행동 문제가 안락사의 원인 중 큰 비중을 차지한다는 점이 문제 행동 분석에 좀 더 많은 관심과 노력을 기울여야 하는 큰 이유라고 할 수 있다. 반려동물을 기르는 국내 인구 1000만 명 시대에 들어섰음에도 불구하고 지난 4년간 30%이상 증가된 유기동물의 수는 이런 극단적 부작용을 잘 보여주는 예라 할 수 있다. 동물의 습성과 특징에 대한 이해를 바탕으로 한, 동물보호자와 동물 간 중재자 역할을 해야 하는 동물 행동 상담 전문가의 필요성 또한 새로이 대두되고 있으며 그 역할은 앞으로도 더욱 더 커질 것이다.

Ⅰ. 동물 행동 상담의 필요성

학습목표
1. 동물 행동 상담의 필요성을 이해할 수 있다.
2. 문제 행동의 특성에 대해 알 수 있다.

1. 문제 행동의 원인

반려동물이 보이는 문제 행동의 원인을 분석할 때 의학적이고 병리학적인 관점으로 접근하는 것은 아주 중요하다. 문제 행동을 보이는 동물들 중에서 의학적인 문제 때문에 보이는 행동들은 다른 방향으로 치료를 해 나가야 한다.

어린 동물에게는 유전적인 영향이 크겠지만, 나이가든 동물의 경우에는 내분비선의 기능 장애나, 관절염, 면역 반응에서 오는 특이 반응, 감각기능의 저하, 종양, 뇌를 포함한 여러 신체 기관의 기능 장애 등과 같은 질병이 일반적이다.

약물 처치와 함께 약물의 효능과 부작용에 대하여 숙지를 하는 것 또한 중요하며 최소한 물리학적 검사나 혈액검사, 뇨검사, 호르몬검사 등이 선행되어야 한다.

물론 의학적 문제가 있는 모든 동물이 문제 행동을 보이는 것은 아니다. 유전적, 의학적, 환경적 요인이 동물의 행동에 많은 영향을 미친다.

2. 문제 행동

의학적 문제를 동반하지 않는 대부분의 행동학적 문제에 있어서 그 원인은 보호자에게 있는 경우가 많다. 정상 행동이지만 반려동물로서 받아들여지기 힘든 행동들에는 장난감이나 음식을 지키기 위한 공격행동, 집에 찾아오는 방문자에 대한 공격행동, 땅파기, 물어뜯기 또는 다른 동물들에 대한 공격행동 등을 들 수 있다. 비정상정인 행동들은 자극에 의한 두려움이 극도의 불안감으로 연결되는 경우가 많은데 이런 경우 내분비, 대사, 염증, 면역, 고령화 등과 같은 내인적 소인인 경우와, 스트레스, 불안감, 갈등 등에 만성적이고 반복적으로 노출되는 외인적 소인인 경우로 나뉠 수 있다.

반려 동물과 함께 사는 모든 가족들에게는 동물 행동과 관련한 교육이 필수적이며, 반려 동물이 문제 행동을 보이는 경우 이를 고치려는 모든 가족 구성원들의 노력과 동물들을 이해하려는 마음가짐, 그리고 환경의 변화가 꼭 필요하다.

Tip

● 미국의 행동전문 수의사 인정제도 ●

미국에서는 pre-school로 일반 대학을 마치고 다시 수의과 대학 4년을 다니거나, 2년의 예과 과정을 거친 후 4년의 수의학교육을 마치고 수의사 자격을 취득한다. 미국의 수의사들 중에서 특히 행동치료학에 관심이 있는 사람들이 대학병원의 임상행동과 등에 재적하여 해에 1번 개최되는 전문수의사 인정시험을 목표로 2년 이상에 걸쳐 주야로 연구를 축적하고 있다. 미국 수의학회에는 충실한 전문 수의사 인정제도가 있는데 그 중 동물행동학은 가장 새로운 장르로 엄격한 수험자격을 만족하고 실지를 동반하는 시험에 무사합격하면 동물행동학 전문의로서 간판을 걸 수 있게 된다. 이 전문의제도를 지지하고 있는 것이 500명 정도의 회원을 가진 AVSAB(American veterinary society of animal behavior ; 미국수의동물행동학회)로 벤자민 하트 교수(캘리포나이대학), 캐서린 하우푸트 교수(코넬대학), 보니 비버 교수(텍사스대학)를 비롯한 8명의 선구적인 수의학자들이 Charter member가 되어 그들의 오랜 시간의 노력이 결실을 맺어 수의동물행동학이 정식으로 인지되었다. 최근의 사회적 요구의 확대를 반영하여 이러한 분야에 흥미를 가지고 전문의를 목표하는 수의사의 수도 꾸준히 증가하고 있다. 전미수의학회(AVMA)에서는 예년 행동치료학의 session에 2일이 통째로 주어져 분과회적으로 열린 AVSAB의 연차 총회와 합하면 연속 3인간에 걸쳐 아침부터 밤까지 임상동물행동학의 세계에 빠져있을 수 있다. AVMA에서의 소동물행동학의 교육 강연(전문의들이 담당)에는 회장 내에서 가장 큰 홀이 할당되어 있으나 최근 수년은 수백 명을 수용할 수 있는 홀이 거의 만석이 되어 이 분야에 대한 수의사들의 높은 관심을 엿볼 수 있었다.

II. 동물 행동 상담의 과정

학습목표 1. 문제 행동 상담의 과정에 대해 이해한다.
2. 실무에서 활용될 수 있는 상담 기법을 활용한다.

동물 행동 상담은 오랜 문제점을 개선하기 위해 오랜 시간을 필요로 하는 의료 상담과도 같다. 문제를 진단하고, 진찰 계획을 세운 다음 안전하고 효과적인 치료 방법을 결정하고 그 계획에 따른 치료를 보호자와 함께 해 나가는 것이 가장 바람직하다. 동물행동상담을 할 때 중요한 점은, 가능하면 문제 행동에 관련된 모든 가족 구성원들이 상담에 참가해야 한다는 점이다. 또한 모든 가족들이 문제행동에 대해서 뿐만 아니라 정상적인 동물의 행동 양상까지 이해하는 교육이 선행되어야 할 것이다.

문제 행동을 보이는 동물의 경우, 의학적인 검사나 실험실적 검사를 통하여 건강상태를 점검한 후 훈련사를 추천하거나 동물행동학자에게 의뢰하는 경우도 있고 동물행동상담전문수의사에게 의뢰하는 경우도 있다. 현재 이러한 상담의 과정을 동물행동상담사가 주축을 이루어 발전시켜 나가야겠다.

보호자 의뢰 → 의학적 검사, 실험실적 검사
① → 트레이너 추천
② → 동물행동상담사 추천 -> 행동교정 처방
③ → 동물행동상담전문 수의사나 스텝에게 의뢰 → 진단 → 처방 → follow up

수의사나 동물행동상담 전문가가 문제 행동에 대한 이해를 함에 있어서 가장 중요한 것은 동물의 신체 상태에 대한 종합적이고 실험실적인 검사가 선행되어야 한다는 것이다. 우선적으로 건강 상태에 이상이 있다는 가정을 제외하기 위해서는 필수로 의학적 검사가 이루어 져야 하며 그 다음으로 행동 분석을 하여야 하는데 분석에 있어서 보호자 문진은 가장 중요한 것이다. 동물에 대한 모든 히스토리를 수집한 후, 동물과 보호자를 관찰하거나 또는 비디오로 판독하여 상태를 이해하는 것이 두 번째 절차라 할 수 있다. 상담자가 동물에 대한 전반적인 정보와 문제 행동에 대하여 이해하기 위해서는 보호자가 진찰 전 질문표를 먼저 작성하여 보내야 한다. 이 질문표(표 6-1)를 바탕으로 분석한 후 상담자는 진찰 계획을 세우고 그 이후에는 모든 가족이 참가하는 진찰이 이루어 져야 한다. 진찰이 시작은 우선 보호자에게 문제행동의 개요를 설명하는 것부터 시작한다. 동물의 모습과 함께 보호자와 동물의 관계를 주의 깊게 관찰함과 동시에, 보호자의 동물 행동 치료 실시능력에 대해서도 정당히 평가해두어야 한다.

1. 의학적 조사

문제 행동을 보이는 많은 동물들의 경우, 통증이나 내분비적 기전의 이상 등 의학적이거나 또는 정신적인 원인으로 인한 경우가 많다. 그러므로 감별 진단을 위하여 정신적인 문제를 중심으로 한 신체 전반적인 검사를 해야 하며 이전 병력이 있었는지에 대해서도 참고하여야 한다.

- **건강진단** : 공격행동이나 쓸데없이 짖기 등은 통증에 의해 발현되는 경우가 있으므로 일반건강진단에 의해 통증의 유무를 조사할 필요가 있다.
- **내분비 호르몬 검사를 포함한 혈액검사** ; 생화학적, 혈액학적 검사를 실시함으로써 내과질환에 의한 행동변화를 감별할 수 있다. 또한 혈액 호르몬농도를 측정하는 것이 중요한데 갑상선기능저하증이나 갑상선기능항신증, 부신기능항신승 등의 질병이 있는 경우 공격성이 증가될 수 있고, 당뇨병, 상피소체기능항진증, 부신기능항진증, 인슐린종 등의 질병이 있는 경우 우울하거나 의기소침한 성향을 보이는 경우가 많다. 또한 갑상선기능저하증, 상피소체기능저하증, 상피소체기능항진증, 부신기능저하증, 인슐린종 등의 질병을 가지고 있는 동물의 경우 간질발작 증세가 보고된 경우가 있으므로 반드시 호르몬 검사를 실시하는 것이 중요하다.
- **오줌검사** : 부적절한 배설이 주요증상인 경우는 필수 검사이다. 뇨 성상 검사나 뇨 성분 검사 등이 검사 항목에 해당된다.
- **배변검사** : 기생충검사 및 소화기계 질환 검사를 해야 한다.
- **피부검사** : 지성피부염, 육아종이 보이는 경우는 우선 피부병에 관한 검사를 해야 한다. 털 상태의 이상을 보이는 경우에는 호르몬 검사를 함께 실시하여야 한다.

- **중추(신경학적) 검사** : 선회운동이나 파행을 보이는 경우 일반 신경학적 검사나 X선 검사, CT검사, MRI검사 등의 검사가 필요하다.

2. 문제행동 분석

정밀한 진단을 하기 위해서는 동물의 행동을 잘 관찰하고 평소 동물의 행동에 대해 주의 깊게 보호자에게 문진하여야 하는데 그 이전에 상담전문가는 보호자에게 최소한 48시간 전에 질문표를 주고 상세한 내용을 기술할 수 있도록 해야 한다. 질문표는 아래 제공하는 형태를 이용하면 된다.

표 6-1. 질문표

분류	내용
가족 정보	주거형태(아파트인지)
	지방인지 도시인지
	가족규모, 나이, 일정
	신체적/정신적 문제나 제한
	동물과 기억나는 일화
	다른 동물의 유무
동물의 정보	모습
	입양한 나이
	동물을 어디서 입양을 하였는지, 이전보호자에 대한 정보
	성격,기질
	의학적 내력(약물복용, 각종검사결과)
	부모, 동기강아지나 한배 새끼들에 대한 정보
	먹는 음식의 종류와 횟수, 급여 방법, 급여하는 사람, 음식에 대한 행동
훈련	방법
	도구
	감금 훈련
	보상 방법과 동물의 반응
	벌주는 방법과 동물의 반응

분류	내용
	훈려 방법과 결과
	행동 면경을 위한 도구(그에 대한 반응)
	head halter와 같은 제어 도구들을 사용하는지와 그에 대한 반응
동물의 환경, 약력, 생활	동물 주거 공간, 밤과 낮이나 가족이 없을 때 어디에 있는지
	감금하는 공간들, 먹는공간, 노는 공간
	평소의 놀이와 운동
	좋아하는 장난감
	혼자 있는 경우와 그 기간
	집 안,밖에 머무르는 시간
	주로 돌보는 가족
동물과 사람에 대한 반응	가족
	가족이 아닌 사람
	집 안에 있는 다른 동물
	낯선 동물
	가족과 가족이 아닌 사람, 본적이 있는 사람과 처음 보는 사람에게 보이는 반응
	자세, 성량, 반응, 가까이 갔을 때 행동, 두려움, 공격반응
저리에 대한 반응 문제점	목욕, 발톱 정리, 미용, 만지기
	무슨 일이 있었나?
	문제 행동은 어디에서 일어났나?
	언제 일어났나?
	사람과 동물 중 누구에게 문제가 생겼나?
	왜 그 문제행동이 일어났다고 생각하는가?
	보호자는 문제가 생길 만한 초기 상황을 이해하고 있나?
	환경적 변화가 있었나?
	문제행동이 지속되는 기간
	빈도
	문제 행동이 일으키는 시발점
	외형적인 변화
	치료를 시도함에 따른 애완동물의 반응
부가적인 문제	그 외의 문제점이 더 있는가?

질문표 사용에는 여러 가지 장점이 있다.

우선 보호자가 이해하기 쉬운 형태의 질문표를 제시함으로써 진찰 시 필요한 사항을 미리 정리하도록 할 수 있고 동물행동상담 전문 수의사가 최소한의 질문을 잊어버리지 않도록 도와준다. 질문표에는 문제가 되는 행동뿐 아니라, 전반적인 정보가 기재되어 있어 보호자가 인식하지 못한 새로운 문제나 문제의 배경이 되는 동기도 발견할 수 있다. 수의사는 최소한 진찰 48시간 전에 질문표를 제공해 주고 보호자는 진료 이전에 질문표를 채워 놓아야 좀 더 정확한 치료계획을 세워둘 수 있고, 진찰 시 생길 수 있는 미연의 사고(교상 등)를 방지할 수도 있다.

물론 보호자의 입장에서 일일이 질문표에 기재해야 하는 수고가 든다는 점은 단점이라 할 수 있다. 보통 클리닉에 행동 치료를 의뢰하는 보호자들은 상담 뒤 즉각 해결을 바라고 있지만 효과적인 행동 치료를 위해서는 보호자의 적극적인 협력이 무엇보다 필요하기 때문에 질문표에 답변을 기재하는 것은 문제 행동을 보이는 동물의 치료에 있어서 가장 기본이라 할 수 있다. 또한 질문표를 사용하는 경우, 행동치료 전문가나 수의사, 보호자의 집중력을 크게 요한다.

3. 행동상담

행동 상담의 방법에는 보호자와 동물이 직접 클리닉을 방문하는 방법 이 외에도 문제 행동을 보이는 동물의 생활공간으로 전문가가 방문하는 방법과 전화나 팩스 또는 이메일 등에 의한 행동 치료를 실시하는 방법이 있다.

클리닉이나 전문 병원으로 보호자와 동물이 직접 방문하는 경우, 의학적인 검사나 조치를 곧바로 할 수 있다는 장점이 있지만 동물이나 보호자의 입장에서는 긴장될 수밖에 없는 공간이므로 평소와 같은 문제행동이나 일상의 관계를 관찰하기에는 쉽지 않을 수 있다. 그러므로 문제 행동을 진찰하는 장소는 이야기를 통한 상담이 원활하게 이루어질 수 있도록 일반적인 진료 공간보다는 좀 더 편안함과 안락함을 줄 수 있는 공간으로 꾸미는 것이 바람직하다. 또한 동물이나 보호자가 조금의 위협감이나 불안감을 가지지 않도록 흰 가운을 벗는 것도 상담에 도움이 될 수 있으며 동물은 목줄을 풀고 편안하게 있을 수 있도록 도와주는 것도 중요하다. 물론 이 과정에서 질문표에 의한 평소의 동물 행동을 인지함으로써 위험을 최소화 시키는 것이 필수적이다.

두 번째 전문가가 동물이 생활하고 있는 공간을 방문하여 행동상담을 진행하는 방법도 있다. 이 방법은 동물의 세력권 내에 침입해야 하는 것에 따른 위험성이 따르지만 평소와 같은 문제행동을 관찰하거나 보호자와의 관계를 파악하는 데는 더없이 좋은 방법이라 할 수 있다. 하지만 스텝이나 의료 시설을 통한 조치나 의학적인 검사를 바로 실시할 수 없다는 단점이 있고 왕진비 추가로 인한 비용 상승의 문제가 있다.

만약 문제가 심하여 보호자가 감당하지 못하는 경우에는 보호자가 촬영한 비디오영상 등으로 문제행동을 실제로 보면서 진찰하는 방법도 있다.

위 두 가지 방법은 가족 구성원과 동물을 전문가가 직접 만남으로써 객관적인 평가가 가능하며 동물의 상태나 보호자와 동물의 관계를 직접 관찰할 수 있는 기회이기 때문에 세 번째 방법인 전화나 팩스 등 원격으로 실시하는 상담 및 진료보다는 보호자와 전문가의 관계 형성이 쉽다. 반대로 원격 진료의 경우 수의사가 불충분한 정보를 바탕으로 오진하는 일이라도 생기면 보호자와 전문가의 신뢰관계는 깨지기 쉽다.

동물행동상담사는 보호자가 작성한 질문표의 내용을 다시 확인하는 것이 좋다.

확인하여야 할 항목은 다음과 같다.

- 문제가 되는 동물의 연령, 성별, 품종, 병력 등과 같은 일반정보
- 진찰의 원인이 되는 문제행동의 개요(주요증상)와 보호자가 희망하는 최종목표
- 진찰의 계기가 된 사건의 상세
- 문제행동을 일으키는 상황 ; 인간, 시간대, 환경요인 등
- 문제행동에 이이시 나타나는 행동
- 문제행동의 경과 ; 최초의 문제발생시기, 빈도, 정도의 변화 등
- 관련된 문제행동
- 마지막으로 일어난 사건의 상세
- 문제행동이 나타나지 않는 경우의 상황

동물의 행동과 보호자와의 관계를 관찰하면서 또 한 가지 잊지 말아야 하는 점은 보호자와의 대화를 통해 보호자의 이해력을 정확히 평가하여야 한다. 문제 행동을 보이는 동물의 경우 치료의 중심은 보호자의 실천력이기 때문이다. 문제 행동의 원인을 명확히 이해하고 치료법을 올바르게 실천하여야 행동치료의 효과가 나타나므로 치료방침을 설명하기 위해서 보호자의 이해도를 미리 가늠하는 것은 아주 중요한 일이다.

동물의 문제행동을 정확히 진단하기 위해서는 문제행동을 일으키는 동기를 정확히 파악해야 한다. 이를 위해서는 문제행동이 발현하기 전후의 동물의 모습을 확실히 관찰해야 하는데 정작 보호자들은 문제 행동을 보이기 전후의 행동이나 동물이 보이는 보디랭귀지 또는 표정에는 무관심 하며 물거나 짖거나 하는 증상에만 관심을 두는 경우가 많다.

예를 들어, 아이들에게만 공격적인 개의 경우 진찰실에서 아이의 인형을 갑자기 보여줌으로써 공격행동을 유발하여 개의 귀, 꼬리, 입을 관찰하여 자신감 있는 적극적인 공격인지, 공포에서 오는 방어적 공격인지를 판단할 수 있다. 또 분리불안의 경우는 우선 보호자를 진찰실에서 나가게 하고, 이어서 모든 사람들이 나감으로써 동물이 보호자에게만 과도한 의존심을 가지고 있는지, 아니면 사람에 대해 의존심을 가지고 있는지를 판단할 수 있다. 이러한 방법은 다소 위험을 동반하지만 동시에, 실제 치료방법을 시도하는 것이 가능하므로 유용한 경우가 있다. 이하에 진단의 도움이 되는 동물의 자세와 표정의 변화에 대해 설명한다.

그림 6-1은 개의 보디랭귀지를 나타낸다. (A)가 보통상태이고 여기서 흥분도가 높아지면 꼬리가 올라가고 걸음이 가벼워진다(B). 놀고 싶을 때는 C와 같이 머리를 낮추고 엉덩이를 들어 꼬리를 흔들면서 상대의 주변을 뛰어다닌다. 상대의 순위가 높은 경우는 꼬리를 적게 흔들고 귀를 내리고(D) 서서히 엉덩이를 내리고 꼬리를 안으로 말게 된다(E). 반면, 흥분이 높아지고 공격하고자 하는 기분이 생기면 꼬리를 높이 세우고 으르

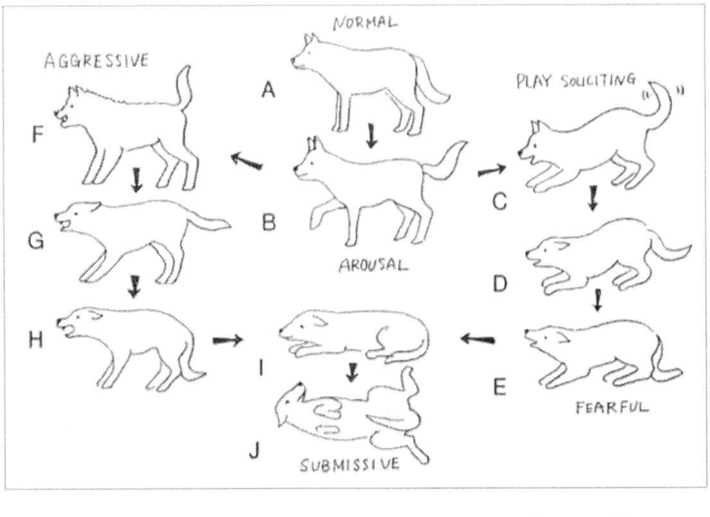

그림 6-1. 개의 보디랭귀지(Fox, 1972에서 수정)

렁거리는 소리를 낸다(F). 특히 등부분의 털을 세워 신체를 상대방에게 크게 보이게 하며 꼬리를 가볍게 좌우로 흔드는 경우도 있다. 눈은 상대방을 응시하고 귀는 앞쪽을 향해 세운다. 이들은 스스로 자신감이 있을 때의 전형적인 공격자세로 여기에 공포심이 더해지면 서서히 귀를 내리고 중심을 엉덩이로 옮기면서 꼬리를 내리게 된다(G, H). 마지막으로 복종을 나타낼 때는 으르렁거리지 않고 귀를 내리고 꼬리를 말고 몸을 바닥에 붙인 자세를 취한다(I). 전형적인 복종자세는 귀를 내리고 꼬리를 말고 상대에게 자신의 배를 보이는 것이다(J).

특히 공격행동에 대해서 진단할 때는 표정에도 주의해야 한다(그림 6-2). 보통의 상태(오른쪽 맨 위)에서 공격심이 증가하면 으르렁거리면서 입을 벌리고 입술을 들어 올려 앞니에서 송곳니를 상대방에게 보여준다. 귀는 똑바로 세우고 앞쪽을 향한다. 여기에 공포심이 들어가면 귀를 서서히 내리고 귀 끝을 뒤로 끌어당긴 형태로 어금니까지 보이도록 입을 벌린다. 이들 정보를 가진 것만으로도 공격행동의 원인이나 가족 안에서의 순위를 어느 정도 추측할 수 있다. 단, 복종자세에 대해서는 다소 주의가 필요하다. 자신이 우위라고 느끼면서도 보호자에게 배를 쓰다듬도록 그에 가까운 자세를 취하는 경우가 있기 때문이다. 이때, 복종자세라고 오해하고 안심하고 쓰다듬으면 갑자기 무는 경우가 있다. 일반적으로 개의 공격행동은 '으르렁거린다, 짖는다.' '무는 시늉을 한다(허공을 문다)' '문다'의 3단계로 되어 있는데 감정의 변화가 급속한 경우나 특발성 공격행동의 경우는 앞의 2단계가 생략되는 경우가 많으므로 이러한 정보도 진단에 도움이 될 것이다.

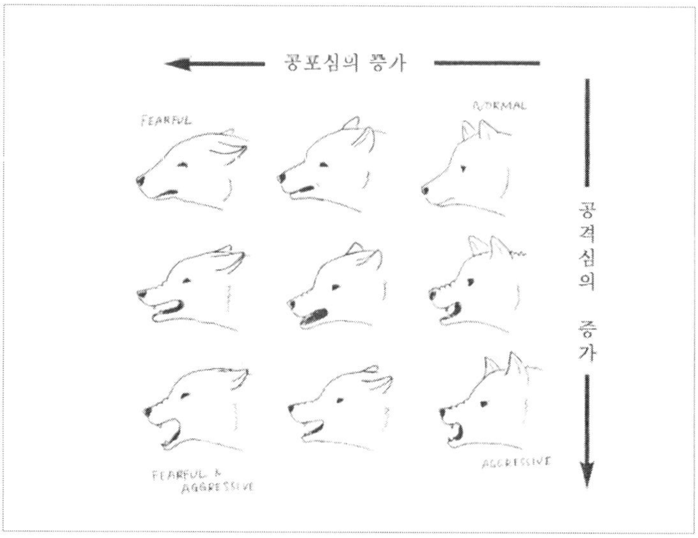

그림 6-2. 개의 표정변화(Fox, 1972에서 수정)

고양이에서는 그림 6-3과 같이 보통의 상태(왼쪽 맨 위)에서 공포심이 증가함에 따라 서서히 웅크린다. 공격심이 증가하면 털을 세우고 일어나 등을 둥글게 하고 옆을 향하며 꼬리를 세우거나 역U자형으로 하여 위협한다. 표정에 주목하면 그림 6-4와 같이 보통의 상태에서 방어성이 높아질수록 귀를 내리고 동모(감각모, 수염)를 옆으로 뻗어 공격태세에 들어간다. 적극적인 공격으로 바뀌면 귀를 뒤로 향하고 동모를 앞으로 향한다. 어떤 경우든 공격전에는 동공이 커지는 경우가 많다.

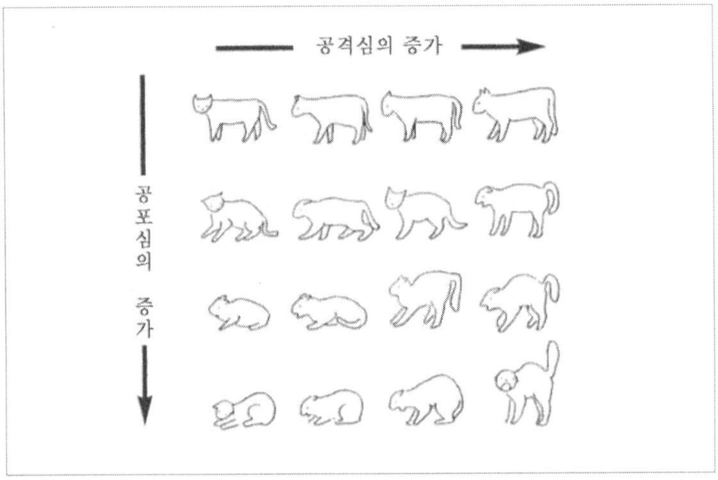

그림 6-3. 고양이의 보디랭귀지(Leyhausen, 1975에서 수정)

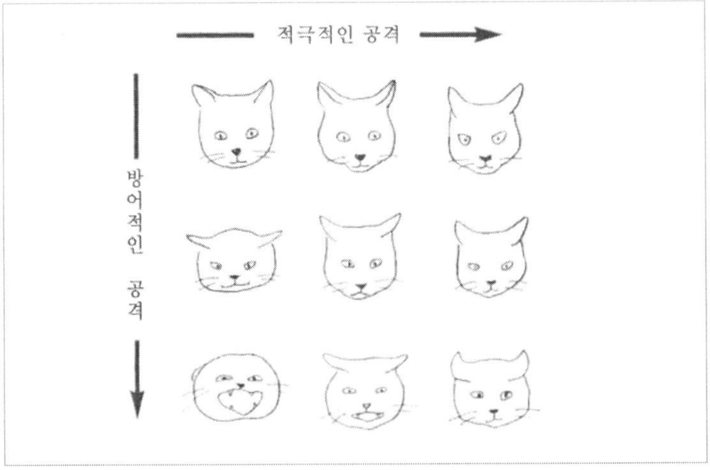

그림 6-4. 고양이의 표정변화(Leyhausen, 1975에서 수정)

Tip

● 개와 고양이는 어떻게 느끼고 있을까? ●
– 감각의 비교 –

동물행동학의 창시자라 불리는 콘라트 로렌츠의 명저 '길짐승, 날짐승, 물고기와 이야기를 하다(1949년 초판).'라는 일역 타이틀은 역자인 히다카 토시타카 박사에 의해 원저 6장의 표제를 인용하여 '솔로몬의 반지'가 되었다고 한다. 이 '솔로몬의 반지'에 관한 일화는 구약성서에 있는 "여러 왕 중의 한 명인 솔로몬은 박학다식하여 길짐승, 날짐승, 물고기에 대해서도 이야기하였다."라는 기술이 후세에 와서 "솔로몬 왕이 마법의 반지를 끼고 길짐승, 날짐승, 물고기와도 이야기를 하였다."라는 식으로 와전되어 전해져 내려왔다고 한다.

세월이 흘러 과학이 발전한 현대까지도 안타깝게도 아직 '솔로몬의 반지'는 발견도 개발도 되지 않았으니, 개와 고양이가 우리들 인간과 공유하고 있는 세계를 어떻게 느끼고 있는지를 직접 물어볼 수 없는 노릇이다. 현대에 그것을 알려고 한다면 그들 자신에게 언어 이외의 수단으로 답하게 하는 수밖에 없다. 많은 과학자들은 이를 위해서 2가지 방법을 이용해왔다. 하나는 해부학적 특징과 전기생리학적 실험에 따라 능력을 추측하는 방법이다. 다른 하나는 개와 고양이에게 조작적조건화를 함으로써 실제로 그들의 능력을 아는 방법이다. 과거의 방대한 연구에 의해 현재 추측되고 있는 그들의 감각능력에 대해 이하에 정리하였으나 그 방법과 조건에 따라 값이 상당히 다르다. 역시 진실은 솔로몬의 반지 없이는 밝혀질 수 없는 것인가?

		사람	개	고양이
시각	시신경(개수)	12.0×10^5	1.5×10^5	1.2×10^5
	시각(도)	180	240~290	155~209
	시력(상대비)	1.0	0.2~0.4	0.1~0.3
	초점한계(cm)		>33~50	75
	조도감지(상대비)	1	1/3 간세포 많음 · 휘판 있음	1/8 간세포 많음 · 휘판 있음
	색각(흡수nm)	440, 535, 565	439, 555	439, 555?
청각	와우신경(개수)	30,000		40,000
	최저가청한계(Hz)	13~20	20~250	25~50
	최적가청영역(Hz)	1,000~4,000	200~15,000	1,000~20,000
	(옥타브)	8.5	8.5	>10.0
	최고가청한계(Hz)	16,000~20,000	26,000~100,000	100,000
후각	후상피면적(cm^2)	3~4	18~150	21
	후세포(개수)	5×10^6	220×10^6	
	후구세포(개수)	$5\sim20\times10^6$	280×10^6	67×10^6
	가후농도(M) (발레르산)	10^{-5}	10^{-16}	
미각	미뢰(개수)	9,000	1,706	(당은 감지하지 못함)

고양이도 개와 마찬가지로 자신의 배를 보여주며 누워있는 경우가 있는데 이것이 복종을 나타내는 경우는 적고 대부분은 극단적인 방어자세거나 놀자고 하는 것이거나 발정시의 수컷을 유혹하는 자세이다.

4. 행동교정 처방

보호자가 기재한 질문표, 진찰시의 정보, 의학적 검사결과를 종합적으로 판단하여 진단과 처방을 내리게 된다. 보호자에게 진단명과 진단을 내린 근거를 명확히 전달하고 치료방침을 자세히 설명해야 하며 동물 행동 치료 시에는 약물투여나 환경수정 및 행동수정법 등 보호자가 평소 실천해야 할 점들이 많으므로 이 과정에도 충분한 시간을 할애하여야 한다. 구두설명이나 설명지만으로는 불충분할 수 있으므로 보호자와 개를 실제 치료에 참가하도록 실천해보는 편이 바람직하다. 이때 막상 집으로 돌아가서 해보려고 하면 기억이 잘 안 나는 경우가 많으므로 보호자의 앞에서 치료방침을 기재한 설명서를 작성하여 복사본을 건네주어야 하며 이는 이후의 follow up에도 도움이 될 된다. 또한 각각의 행동치료방법을 상세히 기재한 설명지를 보호자에게 건넬 수 있으면 보호자도 안심할 수 있을 것이다.

5. 후속조치(동물행동 전문 수의사에게 의뢰)

행동치료를 실제로 실시하는 것은 보호자 이므로 행동치료의 과정에서는 진찰후의 follow up이 반드시 필요하다. 편지, 전화, 팩스, 이메일 등으로 계속 관계를 유지하며 연락하여야 하며 동물행동수정법을 실시할 때가 되면 잘 모르는 것이 많다는 것을 알게 되므로 진찰 종료 시에도 계속적으로 연락할 것을 주지시켜야 한다. 만약 보호자에게 연락이 없는 경우라도 진찰 1주 후에는 행동치료법에 불분명한 점이 많은지, 문제는 없는지, 경과는 어떠한지 등을 물어보는 것이 좋다.

동물수정법의 효과가 나타나기 위해서는 빨라도 몇 주간의 시간이 필요하므로 기본적으로 그 후는 보호자의 질문에 대응하는 follow up으로 이어진다. 그러나 보호자에게서 연락이 전혀 없는 경우는 진찰 4~6주 후 다시 전문가가가 연락을 해서 경과나 현재 상황을 확인해야 한다. 진찰 시 보호자가 원하는 목표점에 도달하지 못하는 경우나 다른 문제가 발생한 경우는 즉시 다른 대응을 준비해야 한다.

follow up을 할 때 중요한 것은 조금이라도 좋으니 문제가 개선방향으로 흘러가고 있다는 것을 보호자가 느낄 수 있도록 하는 것이며 그 중에는 진찰 시 세웠던 목표가 너무 크거나 다른 문제가 발생하여 동물행동수정법을 매일 실시하는 과정에서 그 진보 상황을 인식하지 못하는 사람이 많다. 이러한 경우 그 동물이 이전에 어떠한 상태였는지를 떠올릴 수 있도록 도와주어 보호자 자신이 직접 노력한 결과에 대한 성과를 객관적으로 평가하도록 해 주어야 한다. 많은 동물행동수정법은 단조롭고 귀찮은 일이며 매일 지속해야 한다. 또한 상처와는 달리, 하루의 치료효과를 실감하지 못하므로 치료방법에 쉽게 의문을 갖거나 마음이 약해져 멋대로 치료를 중지해버리기 쉬우므로 전문가는 꾸준히 보호자를 도와주는 동반자의 역할을 해 주어야 한다.

TiP

● 페로몬에 의한 행동제어의 가능성 ●

페로몬을 이용한 화학적 정보통신(chemical communication)이 많은 동물들의 행동, 특히 구애행동이나 육아행동과 같은 생식행동의 발현과 그 제어에 중요한 역할을 하고 있다.

포유류뿐 아니라, 아메바조차 접합하여 유성생식을 하기 위해서는 개체 간의 화학적 신호의 교환이 반드시 필요하다. 생식에서의 화학적 정보통신의 중요성은 그야말로 진화의 과정을 통해 보존되어 왔다고 해도 좋을 것이다. 이러한 생식에 불가결한 정보담체인 페로몬분자의 수용 · 전달시스템을 서비계(鋤鼻系)라고 부른다. 냄새정보를 감수하여 전달하는 후각계와는 다른 독립된 시스템이다. 대부분의 포유류에서는 페로몬정보가 비중격(鼻中隔)의 복측에 있는 관상의 기관, 서비기(鋤鼻器)에 의해 수용되며 서비신경을 통해 주후구(主嗅球)의 배미측(背尾側)에 있는 부후구(副嗅球)에 전달된다. 그런 다음은 뉴런을 갈아타면서 정동반응이나 자율기능, 나아가 생득적(본능) 행동의 제어 · 통괄부위인 시상하부 · 대뇌변연으로 전달된다. 그 신경회로학적 특징에서도 페로몬의 작용이 동물의 행동이나 생리기능에 중대한 영향을 미칠 수 있다는 것은 쉽게 예측할 수 있다.

포유류에서 보이는 수컷의 세력권을 둘러싼 투쟁행동에서, 교미나 모성행동에 이르는 다양한 생식행동의 발현에는 페로몬에 의한 생식내분비기능의 수식이 특히 중요한 역할을 하는 것으로 생각된다. 예를 들어 수컷의 정소에서 분비되는 스테로이드호르몬(테스토스테론)의 기능에 따라 수컷의 체내에서 합성된 페로몬이 암컷의 서비기에 도달하여 뇌에 작용하면 암컷의 신경내분비계를 통해 이번에는 난소에서의 스테로이드호르몬(에스트로겐)의 분비를 촉진하는 것이다. 바꿔 말하면, 수컷의 호르몬이 페로몬을 경유하여 암컷의 호르몬분비를 자극하는 것이다. 그리고 호르몬과 페로몬을 잇는 가교로서 뇌가 기능하고 있는 것이다.

최근의 연구에 따르면 페로몬은 생식행동뿐 아니라, 불안이나 분노와 같은 정동발현에도 관여한다는 사실이 시사되어 합성페로몬을 이용한 공격행동이나 친화행동의 제어의 가능성이 시사되고 있다. 예를 들어 고양이의 뺨에서 분비되는 안면페로몬이 공격행동이나 오줌분사행동을 억제하는 치료목적에 사용되기 시작하고 있다. 페로몬수용시스템인 서비신경계 투사경로가 보여주듯이 수용된 페로몬이 부후구를 거쳐 정동중추인 편도체에 직접 투사하는 것을 예상하면 이러한 응용도 앞으로 점차 넓어질 것으로 생각된다. 이후의 연구에 따라 페로몬의 본체와 생성기구 및 그 중추작용기서의 해명이 진전되면 지금까지 우리들이 알 수 없었던 동물들(인간을 포함)의 풍부한 화학적 정보통신의 세계를 알 수 있게 될지도 모른다.

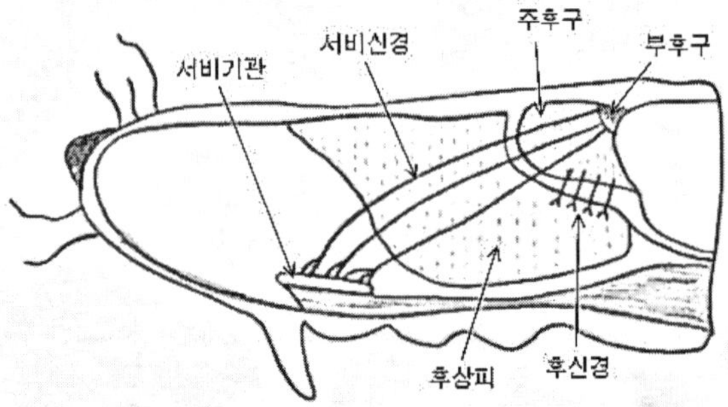

구군부(하악은 생략)의 방정중시상 단면도

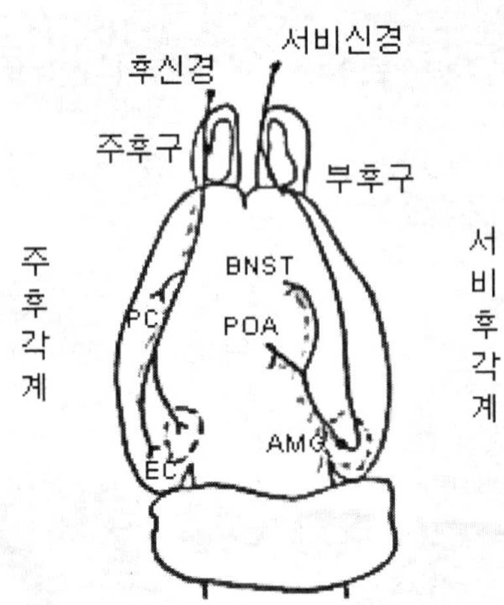

뇌의 수평투사도

그림 6-5. 랫(rat)에서의 2개의 후각계(주후각계와 서비후각계)의 모식도

참 고 문 헌

◆ 반려동물행동학. 김병수, 김옥진, 마영남, 박우대, 이형석, 하윤철, 황인수, 최인학 공저. 2012. 3. 5. 동일출판사. Page 226. ISBN. 978-89-381-0798-5-93510

◆ 애완동물학. 김옥진. 동일출판사. 2012. 8. 24. Page. 436. ISBN. 978-89-381-0818-0-93510.

◆ 동물해부생리학 개론. (번역) 김옥진, 김갑수, 김현주, 선상수, 이형석, 이혜란, 정태호, 조기래, 최윤주, 황인수, 황인구, 최정훈. 범문에듀케이션. 259 page., 2014. 1. 20. 발행. ISBN 979-11-85305-10-3.

◆ 동물번식생리 이해와 응용. 김옥진. 동일출판사. 265 pages. 2014. 3. 5. ISBN. 978-89-381-0911-8-93490.

◆ Hart, B. L. (1998) : Principles of behavior, Texbook for lecture.

◆ Hart, B. L. (1998) : Behavior therapy, Texbook for lecture.

◆ Houpt, K. A. (1998) : Behavior problem of small animals. Texbook for lecture.
위의 3권(5~7번)은 본 매뉴얼의 원본이라고 할 수 있는 캘리포니아대학과 코넬대학의 강의텍스트로 안타깝게도 시판되어 있지 않으므로 일반적으로는 입수가 불가능하다.

◆ Hart, B. L., Hart, L. A. (1985) : *Canine and feline behavioral thrapy, Lee&Febiger. ISBN:081210949X*

◇ 石田卓夫 감역 (1989) : 동물행동치료학, 학창사.
가장 빨리 출판된 텍스트. 약물치료와 같은 새로운 치료방법은 기재되어 있지 않지만 행동수정법 등의 치료방법은 현재도 충분히 통용된다.

◆ Houpt, K. A. (1998) : Domestic animal behavior for veterinarians and animal scientists 3rded, Iowa state university press, Ames. ISBN:0813810612
초판은 1982년에 출판되어 3판에서는 크게 개정되었다. 필자의 광범한 지식을 살려 반려동물뿐 아니라, 소나 돼지 등 가축의 행동과 문제행동치료에 대해서도 언급하였다.

◆ Overall, K. L. (1997) : Clinical behavioral medicine for small animal, Mosby. ISBN:0801668204

미국에서 행동치료를 목표하는 젊은 수의사들에게는 이제 필수저서인 느낌이 든다. 단, 상당히 두껍고 난해한 부분도 있다. 곧 일본어 번역서가 출판될 예정이다.

◆ *Landsberg, G. M., Hunthausen L., Ackerman L. (1997) : Handbook of behavior problems of the dog and cat., Butterworth-Heinemann. ISBN:0750630604*

일본어 번역서도 있고 내용도 새롭고 읽기 쉬운 텍스트.

◇ 佐々木申雄 감역 (1998) : 개・고양이의 문제행동 핸드북, 학창사.

◆ *O'Farrel, V. (1992) : Manual of canine behaviour, BSAVA, ISBN:090521417X*

◆ *O'Farrel, V., Neville, P. (1994) : Manual of feline ehaviour, BSAVA, ISBN:0905214242*

◇ 林良博 감역 (1996) : 개와 고양이의 행동학, 학창사.

일본어 번역서에는 개와 고양이의 행동학을 정리하여 1권으로 만들어 읽기 쉽다. 간단한 증례도 기재되어 있다.

◆ Askew, H. R. (1996) : Treatment of behavior problems in dogs and cats, Blackwell science. ISBN:0632041080

실험심리학자에 의해 수의사용으로 출판된 텍스트.

◇ 武部正美 감역 (1993) : Problem Dog - 애견을 훌륭한 개로 만드는 방법, Pet Life사. 일반서의 부류이지만 증례도 많이 인용되어 있어 수의사도 읽어볼 만한 텍스트.

◆ Dodman, N. H., Shuster, L. (ed) (1998) : Psychopharmacology of animal behavioral disorders, Blackwell Science. ISBN:063204358X

행동치료에 관한 책은 아니지만 약물치료를 시도하려는 수의사라면 꼭 읽어보면 좋은 1권. 곧 일본어 번역서가 출판될 예정이다.

◆ *Hart, B. L. (1995) : The behavior of domestic animals, Freeman.* (절판)

◇ 森裕司 역 (1995) : Dr. Hart의 동물행동학 입문, 축산출판사.

안타깝게도 원저는 절판되어 입수할 수 없지만 역본은 행동학의 입문서로서 최적인 1권.

◆ *Hart, B. L., Hart, L. A. (1988) : The prefect puppy, Freeman. ISBN:0716718294*

◇ 增井光子 감역 (1992) : 생애의 친구를 얻는 애견선택, 닛케이사이언스사.

견종 선택에 과학적 근거를 제공해주는 1권. 개를 키우고 싶어 하는 사람에게 상담 받으면 꼭 권해주기 바란다.

◆ *Beaver, B. V. (1992) : Feline behavior : a guide for veterinarians, Saunders. ISBN:0721639925*

◇ 森裕司 역 (1997) : 임상수의사를 위한 고양이의 행동학, 문영당출판.
이러 저러 알기 어려운 고양이의 행동을 정리한 1권.

◆ Beaver, B. V. (1999) : Canine behavior : a guide for veterinarians, Saunders. ISBN:0721659659
고양이의 행동학에 이어서 출판되었다. 일본어 번역서는 없으나 행동치료분야도 망라하고 있다.

◆ *Houpt, K. A. (ed) (1997) : The veterinary clinics of north america 27(3), Small animal practice, Progree in companion animal behavior, Saunders. ISSN:01955616*

◇ 森裕司 감역 (1999) : 반려동물의 행동학의 진보, 학창사.
미국의 행동학자들에 의한 최신정보를 정리한 1권. 내용은 문제행동의 분야에서 약물치료법까지 다양하다.

◆ *Serpell, J. (ed) (1995) : The domestic dog : its evolution, behavior and interactions with people, Cambridge University Press. ISBN:0521425379*

◇ 森裕司 감역 (1999) : 개 그 진화, 행동, 사람과의 관계, 축산출판사.
제목에 나와 있는 것처럼 개의 모든 것을 알 수 있는 책이다.

◆ Turner, D. C., Bateson, P. (ed) (2000) : The domestic cat : the biology of its behaviour 2nd ed, Cambridge University Press. ISBN:0521636485

◇ 森裕司 감역 (2006) : Domestic Cat - 그 행동의 생물학, 축산출판사.

◇ 武内ゆかり (2007) : 처음이라도 실패하지 않는 애견 선택법, 환동사.

◇ Landsberg & Hunthausen & Ackerman. Behavior Problems of the Dog and Cat, 3rd Edition, Saunders Ltd., 2012.

◆ 김정민 역(2009), 인지행동치료

◆ 김진숙 · 김창대 · 박애선 · 유동수 · 전종국 · 천성문 옮김(2012), 집단상담과정과 실제, 센게이지러닝코리아(주)

◆ 김창대(2006), 상담 및 심리치료의 기본기법, 학지사

◆ 노안영(2008), 상담심리학의 이론과 실제, 학지사

◆ 이동식(1969), 카운슬링의 철학접 접근, 『학생생활연구(서울대)』

◆ 이은경 · 이지연 옮김(2005), 집단상담의 실제, 시그마프레스

◆ 이장호(2011), 상담심리학, 박영사

◆ 이장호 · 정남운 · 조성호(2001), 상담심리학의 기초, 학문사

◆ 이지영(2010), 상담심리학, 서울디지털대학교

◆ 조현춘 · 조현재 공역(2003), 심리상담과 치료의 이론과 실제, 시그마프레스

◆ 주은선 옮김(2001), 상담의 기술, 학지사

◆ 최영희 · 이정흠 공역(1997), 인지치료, 하나의학사

◆ 최은영 · 양종국(2010), 청소년 비행 및 약물중독상담, 학지사

찾아보기

(3)

(A)

(B)

(C)

(D)

(E)

(F)

(H)

(I)

(L)

(M)

(N)

(O)

(P)

(R)

(S)

(T)

(ㄱ)

(ㄷ)

(ㄹ)

(ㅁ)

(ㅂ)

(ㅅ)

(ㅇ)

저 자 약 력

1장 동물행동상담학 개요

저자 | 김 옥 진

서울대학교 수의과대학/대학원 졸업/수의학 박사

前 미국 농무부 동물질병연구소 연구과학자

前 서울대학교 의과대학 연구교수

現 원광대학교 동물매개치료학과 교수

現 한국동물매개심리치료학회 회장

2장 반려동물의 문제 행동과 교정

저자 | 손 민 우

원광대학교 농과대학 동물응용과학 대학원 농학 박사

前 한국야생생물연구회 창단회장

現 원광대학교 동물자원개발연구센터 고문

現 동물매개심리상담사 전문가(한국동물매개심리치료학회)

現 동물행동상담사 전문가 (한국동물매개심리치료학회)

現 부안군청 부안누에타운 곤충탐사과학관 주무관

現 원광대학교 생명자원과학대학 겸임교수

3장 동물병원 실증사례 상담기

저자 | 오 홍 근

전북대학교 수의과대학 수의학 박사
現 익산 와우동물병원장
現 한국동물매개심리치료학회 상임이사
現 (주) 휴벳 대표이사
現 (주) 위드 대표이사
現 원광대학교 생명자원과학대학 겸임교수

4장 질문표에 의한 행동상담

저자 | 박 철

서울대학교 수의과 대학 졸업/건국대학교 대학원 졸업/수의학 박사
前 캘리포니아 데이비스 수의과대학
現 전북대학교 수의과대학 교수

5장 상담심리

저자 | 임 세 라

성신여자대학교 심리학과 임상심리전공 문학박사
現 한국동물매개심리치료학회 상임이사
現 능인불교대학원대학교 조교수

6장 동물행동상담 실무

저자 | 김 현 주

경상대학교 수의과대학/서울대학교 수의과 대학원 졸업/수의학 박사
前 ㈜동화약품 중앙연구소 연구원, 쿨펫동물병원 진료수의사
現 한국동물매개심리치료학회 상임이사
現 서정대학교 애완동물과 교수

동물행동상담학

발　　행 / 2020년 4월 12일

저　　자 / 김옥진, 손민우, 오홍근, 박철, 임세라, 김현주

펴 낸 이 / 정 창 희

펴 낸 곳 / 동일출판사

주　　소 / 서울시 강서구 곰달래로31길7 (2층)

전　　화 / 02) 2608-8250

팩　　스 / 02) 2608-8265

등록번호 / 제109-90-92166호

ISBN 978-89-381-0925-5-93490

값 / 17,000원